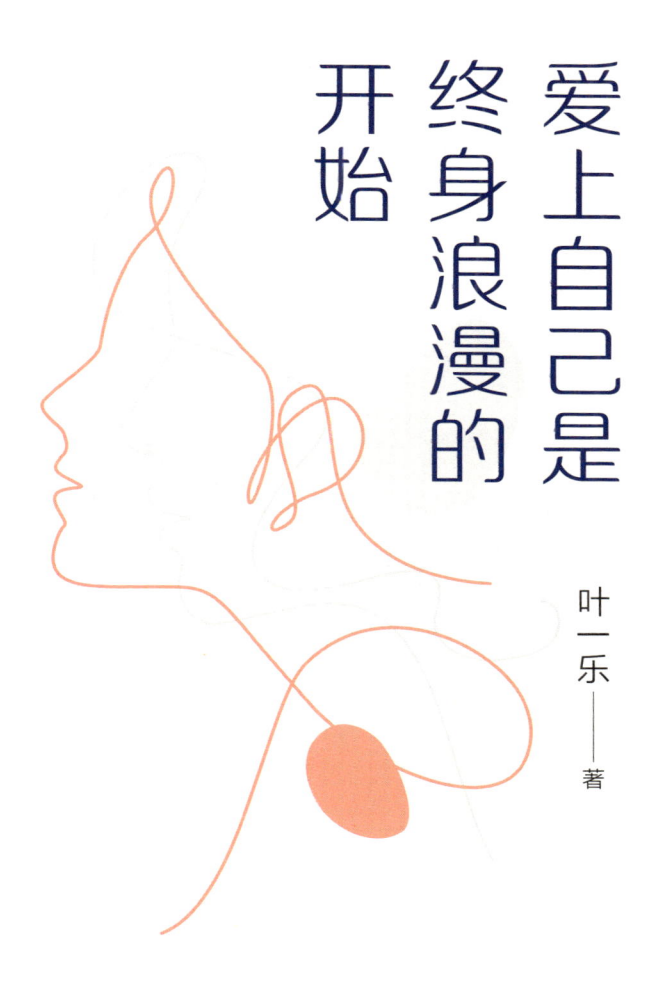

爱上自己是终身浪漫的开始

叶一乐 —— 著

中国纺织出版社有限公司

图书在版编目（CIP）数据

爱上自己是终身浪漫的开始 / 叶一乐著. --北京：中国纺织出版社有限公司，2024.1
ISBN 978-7-5229-1181-6

Ⅰ.①爱… Ⅱ.①叶… Ⅲ.①女性－修养－通俗读物 Ⅳ.①B825.5-49

中国国家版本馆CIP数据核字（2023）第204042号

责任编辑：顾文卓　向连英　　特约编辑：武亭立
责任校对：王蕙莹　　　　　　责任印制：储志伟

中国纺织出版社有限公司出版发行
地址：北京市朝阳区百子湾东里A407号楼　邮政编码：100124
销售电话：010—67004422　传真：010—87155801
http://www.c-textilep.com
中国纺织出版社天猫旗舰店
官方微博 http://weibo.com/2119887771
北京华联印刷有限公司印刷　各地新华书店经销
2024年1月第1版第1次印刷
开本：880×1230　1/32　印张：6.75
字数：150千字　定价：58.00元

凡购本书，如有缺页、倒页、脱页，由本社图书营销中心调换

前言

我知道很多姐妹是通过直播认识我的。在直播间，我经常以营养师的身份出现。但很多人并不知道的是，我其实还有着23年形象设计师和5年思维优化师的从业经历。

从形象设计师到营养师，再到思维优化师，看似有着不小的领域跨界，但在我看来，它们是一脉相承的，是一个体系：营养学就是健康美学，是体魄层面的；思维是心智层面的，我叫它心智美学——从服饰美、健康美，到心智美，不是跨界，而是深化。它们名称虽不同，但有一个共同点，都属于"美学"。无论是形象美学，还是生活美学，都是让平凡的日子过成诗的前提。

美之于我，是信仰。每次，我都是用布道之心，分享对美的感动！

23年利芙·耶服饰设计和形象设计生涯，是我生命中的华章。我是一个十分热爱、崇尚生活的女人，曾几何时，心中有了一个梦想：思想制衣，服装传道。为此，我带着一颗匠心，竭尽所能，钻研形象美学，并创办了自己的服装品牌，在深入研究、分析了上万个美学案例后，我归纳出了一套亚洲人物形象规律系统。通过这套系统中的"美衣的服疗"与"形象设计技术"等，让更多女性绽放华光。

伴随心智的成长，我越来越发现，仅凭迷人的外表，终究还是抵挡不住叫作"中年"的这个东西带来的危机，而"中年"人人都有。虽然可以通过服饰搭配来扬长避短，一定程度上改变外在形象，但是，得体时髦的穿着掩盖不住松弛的肌肤和挂在眼角的憔悴，遮掩不住白发，更衬托不出"漂亮的心情"。

每个人都有中年，都要面临中年危机。在危机面前，有人选择放弃改变，有人选择新的尝试：衣服、包包、化妆、发型，养生、美容、整形等。结果呢？大多数人还是败下阵来！为什么呢？因为在看似光鲜的外表下，潜藏着各种健康隐患——下垂、发福、结节、"三高"……这些问题不解决，就很难摆脱中年危机带来的种种困惑，事业、财富等也容易出现问题。

而我，也是败下阵来的一员！

失败，会启发人的深度思考：

我是谁？

我到底想要什么？

我如何才能幸福？

什么是女人？女人该如何过好这一生？

……

作为曾经的失败者，无数个不眠之夜，我都蜷缩成一团，自顾自怜，自问自答。终于有一天，我对着镜中的自己，做了个决定："从现在起，此生定要好好疼惜自己，任性地爱自己一回，看能把自己爱成啥样？"

作为女人，我不就是想要个迷人的外表，想要个健康的体魄，还想要个丰盈的内心嘛！

无论什么年龄，如果我都能拥有迷人的外表、健康的体魄、成熟的心智，那岂不是可以把平凡的日子过成诗？

无论什么年龄，我都能过成厨房里有菜香、客厅里有花香、卧室里有熏香、骨子里有书香、身上有体香，那不就是一个活脱脱的"五香女人"吗？

无论什么年龄，我都让自己活得"看起来美美的""摸起来滑滑的""抱起来软软的""相处起来暖暖的"，那不就是一位大家大户的女主人了吗？那不就有了解决问题的能量和爱的能力了吗？

……

于是，在2020年，我做了一个决定：脱产进修两年，独创集形象美学、健康美学、心智美学于一体的"三维一体"美学，并把它奉献给今生最该爱的自己，以及所有和我一样想摆脱中年危机、活出极致人生的姐妹们。

也正是从那时起，我给自己树立了一个新的目标：希望自己认真地学习、生活、做人，实现"三维一体"的成长，从而拥有强大的解决问题的能量和爱的能力，并活成一个热气腾腾的、大家大户的女主人！在往后的岁月里，成为孩子的榜样、丈夫的骄傲、众亲的赞叹，而不再仅仅是女强人。

我想，我的这个新梦想，也是诸多女性朋友、姐妹们的梦想。我深信，"三维一体"美学会帮助更多女性成长为大家大户女主人。我也深信，在追寻梦想的路上，所有和我一样的女人，都能拥有一张充满胶原蛋白的笑脸……

如果说，20年前的我把自己定义为一个"思想制衣，服装传道"的美的布道者，那20年后的今天，我要用"三维一体"美学来升级这种使命，并用自己的行动去践行这种美学思想，自我检测能否过好这一生。事实也证明，它是我人生幸福的指南，赋予了我一股不断向上延展的能量。

所以，我要把独创的美学分享给更多的女性，让她们在生活中绽放出美丽、欢乐、丰盛的自己！这也是我写这本书的初衷。

  在人生路上，我们要自我幸福、家庭和谐，不但需要一本行为指南，还需要一本人体使用说明书。现在，你可以拥有它们了。只要你决心在形象、健康、心智三个维度全面修行成长，岁月就不再是把杀猪刀，它只会让人慢慢沉淀出美好，让你不断爱上自己，开启终身的浪漫！

叶一乐

2023 年 10 月

目录

第一部分 迷人的外表

第一章　形象的雷区与秘诀 ………………………………………… 2
　　好形象是终身浪漫的助力 ……………………………………… 3
　　减龄密码：别让衣服成为年龄的累赘 ………………………… 7
　　配饰是形象的眼睛 ……………………………………………… 11
　　一切从"头"开始 ……………………………………………… 17
　　会"装"更会"妆" …………………………………………… 23

第二章　做自己的形象设计师 ……………………………………… 29
　　自我色彩定位：找出自己的最佳用色 ………………………… 30
　　自我风格定位：找出自己的最佳服饰风格 …………………… 36
　　好材质塑造一身的淡定 ………………………………………… 40
　　十个终身得体的通勤品 ………………………………………… 45
　　女人味那点事儿 ………………………………………………… 64

第三章　三分靠"颜"色，七分靠"态"度 ……………………… 67
　　漂亮不等于好仪态 ……………………………………………… 68
　　一颦一笑皆动人 ………………………………………………… 72

春风化雨，润物柔声 ··· 77
比智商更高的是情商 ··· 81
比海更宽广的是人的胸怀 ·· 84

第二部分　健康的体魄

第四章　健康这件事，必须亲自来 ·· 88
　　　测测你的身体年龄 ··· 89
　　　算算你欠身体多少蛋白质 ·· 95
　　　不要再谈"油"色变 ·· 99
　　　为什么脾气越来越暴躁 ·· 102
　　　怎样保持"少女感" ·· 106

第五章　"旧城"改造，年轻二十岁 ·· 110
　　　健康饮食，激发身体潜能 ·· 111
　　　硬核"两抗"：抗氧化、抗糖化 ······································ 115
　　　打开垃圾出口：春秋两季清体排毒 ·································· 119
　　　重视清晨第一杯水 ·· 123
　　　好好吃每天的第一顿饭 ·· 127

第六章　做自己的首席健康官 ·· 131
　　　神奇的生命周期 ··· 132
　　　疾病的九个阶段 ··· 136
　　　"慢"病的"快"防与调理 ·· 146
　　　"真笑"是礼物，"假笑"是任务 ······································ 148

第三部分　丰盈的内心

第七章　丰盈的内心，让生命光辉绽放 ······ 154
　　丰盈是生命该有的状态 ······ 155
　　别让匮乏吸引匮乏 ······ 160
　　穿越欲望，让心智成长 ······ 163
　　释放细胞记忆，自我疗愈 ······ 167
　　感恩洋溢，创造奇迹 ······ 171

第八章　幸福属于聪慧的女人 ······ 174
　　要对错，还是要幸福 ······ 175
　　用赞叹喂饱灵魂 ······ 178
　　发现生活之美 ······ 181

第九章　我是一切的根源，爱是最终的归宿 ······ 184
　　男子自强不息，女子厚德载物 ······ 185
　　此端的改变带来彼端的改变 ······ 188
　　独处时照顾好自己，相处时照顾好他人 ······ 193
　　爱上自己是终身浪漫的开始 ······ 196
　　活出极致的美好 ······ 201

后记 ······ 205

第一部分
迷人的外表

第一章

形象的雷区与秘诀

好形象是终身浪漫的助力

在生活中,"美""时尚""形象"是女性绕不开的话题,可是在变美、变时尚的路上,时常听到这样的抱怨:

"我实在没时间打理我的头发。"

"每天忙着带孩子,没空打扮。"

"都这么一把年纪了,没心思打扮了。"

……

熟悉吗?

如此种种,无非是在为自己不会形象管理找各种听上去靠谱的理由。

有一句话叫"形象要走在能力的前面",如果你的形象是邋遢的,甚至是遭人嫌弃的,即使有金子般的内心,也难以激发别人去发现的欲望。一个人,如果精神不振,面色憔悴,不但有失美感,也会降低别人对他的评价。

在现实世界中,每个人都不可避免地会以貌取人,这是一种本能反应,是自己欺骗不了自己的。在心理学中,有个词叫"首因效应",说的就是这个道理。特别是在第一次与他人接触时,你留给对方的第一印象非常重要。有多重要呢?

举个简单的例子,如果你第一次就给人留下了傲慢的印象,即便你是个很谦虚的人，而且在之后的交往中，也非常注意待人的礼节，也很难扭转别人对你初始的评价。也就是说，相较于以后得到的信息，第一印象往往对于一个人整体印象产生的作用更强，而且，人们习惯根据第一印象来形成对某个人的初步认知，并影响后续的判断和行为。

在漫长的进化过程中，我们的祖先通过对外貌的判断来快速对一个人做出评估，比如他的体型大小、力量、速度、灵活度等，以便做出适当的反应。这种基于外貌的快速判断方式在生存竞争中发挥了重要作用，因此被保留在了我们的本能中。

可见，外在形象的确很重要。平时，留什么发型，穿什么服装，化什么妆，虽然是个人行为，但反映了你的审美品位、生活状态，与此同时，也在一定程度上左右了别人对你的评价与态度。

2000年，我开始进入服装设计和形象设计行业，在工作中，我接触了大量热衷于扮靓的女士、男士，其中既有企业高管、精英人士及企业家，也有职场白领、全职太太。他们非常在乎自我的外在形象，都希望我能站在专业的角度，给他们提供一些合理化建议。

当然，每位客人对美的理解不同，需求也不同。对每一位客人，我至少要花三个小时和他沟通，以了解他的审美品位、个性特点等，并指出他在自我形象设计中的一些问题，最后再给出一整套形象设计方案，包括色彩、款式、发型、服装等。客户看后心花怒放，仿佛看见了另一个自己。

虽然客人对自己的新形象特别满意，但是很多人在问到每天这样打扮要花多少时间时，都很为难地说"用半个小时？时间太长了！""每天要提早到公司，实在挤不出时间！""坚持一两天还行，时间长了做不到。"……当然，还有一些人不舍得学习，不舍得对自己投资。

我的观点是：要美丽，就不能懒惰；要美丽，就不能找借口。美丽需要自律，不是一味赶潮流，更不是靠名牌堆砌出来的。

美丽，离不开正确的"靓扮观"，需要时尚、潮流元素的点缀，以及工资卡里额外的支出，同时也需要时间——最好是参与一些课程的学习。不是说，你有一抽屉的化妆品，每天换一套衣服，手里捏着几家美容院的会员卡，就是一个活脱脱的大美人了。

一个人美不美，主要看两个方面：一是外在，二是内在。外在的东西，我们姑且称为"外圈形象"，是显性的。比如，你往那里一站，是什么样子就是什么样子，这是藏不住的，大家可以看到你的体态、神态，听到你的声音。你可以通过着装、打扮等来改变外在的形象。相对地，内在修养是"里圈形象"，包括学识、兴趣、内涵，以及价值观、审美观等，比如，你对某些流行元素持什么态度，对人生是什么态度,对生活方式是如何认识的,等等。

要打造好形象,无论是"外圈"还是"里圈",都要呈现出好的状态,都要符合大众的审美。特别是"里圈"的美,它是一种深刻而复杂的美,不仅涵盖了一个人的思想、行为和品质,更体现了一个人的内心世界和精神内涵。

良好的形象不仅可以提高个人的外在魅力,还可以增强个人的内在素质和能力,为个人的生活和事业带来更多的可能性和选择。因此,无论是在人生的哪个阶段,我们都要花些时间在自己身上,去发现美,去爱自己,让自己的人生多一些激情、美好、浪漫。没有谁是浪漫的绝缘体,只要不放弃变美,好形象会一直成为终身浪漫的助力。

✺ 减龄密码：别让衣服成为年龄的累赘 ✺

女性对年龄很敏感，即便人到中年，也希望自己看上去年轻、漂亮！那么怎么办呢？最有效的一招就是：通过着装来减龄。

的确，得体的穿着，可以让一个女人看上去更漂亮、更年轻，但这招不是人人都会。说白了，有些人就是不善于通过着装来修饰、弥补自己的年纪，经常弄巧成拙，30岁穿出40岁的样子，一件衣服竟让自己老了10岁！这就像"木桶效应"，如果年龄是你的短板，那要尽可能通过着装来让自己"减龄"，以弥补这个短板。

在如今这个"穿衣自由"的时代，特别是上了年纪的女性，一定要找准自己的风格、定位，不要盲目赶时髦，为此奉上几条减龄密码。

● 穿搭要体现积极向上的态度，这样做有一个好处，就是可以让你的芳龄永远神秘下去。

● 干脆穿出点中性气质，这种率性的打扮有一定的减龄功效。做到这一点，需要打破女性化格局，在身上找到有分寸的硬朗，然后塑造出干练洒脱的形象。

● 非必要，就少一点女人味。女人味意味着成熟，特别是中年女性，要守住不老神话，一定要学会为成熟做减法。那么怎么做呢？去除过多的蕾丝、花纹，用一些不突出女人味的元素，如抓出

8 | 迷人的外表

纷乱感的俏皮干练的短发，或者白T恤、牛仔裤等，和成熟的女人味发生神奇的化学反应。

● 不管在职还是离退职，要体现干练、职业的穿着风格，这会让你看上去比实际年龄小许多。

● 短发比长发更显年轻，正所谓"年龄越大，头发越短"。短发可以突出好看的五官和面部轮廓，同时露出颈部线条，这让人看起来更轻松活泼，而且短发能够更好地凸出面部特征，从而让人看起来更年轻。

● 选择适合自己肤色的颜色。不同的人有不同的肤色，选择适合自己肤色的颜色可以让自己看起来更加年轻。例如，皮肤较黄的人，可以选择一些暖色调的颜色，如米色、粉色、橙色等，而皮肤较白的人，可以选择一些冷色调的颜色，如蓝色、紫色等。

● 选择明亮的颜色和图案。明亮的颜色和图案可以给人带来更加活力和青春的感觉，可以选择一些清新的颜色和简单的图案，例如粉色、蓝色、黄色、条纹等。

● 通过小饰物、丝巾等来点缀你的爱好，漫不经心地显示你依然是一个有趣的女人。

人人都会步入中年，但不是每一个人都有中年危机，那些善于通过着装来减龄的女人，不但会穿出气质和品位，也会穿出年轻与活力，可谓优雅又减龄！

当然了，在应用上述减龄密码时，一定要避免以下两个雷区。

雷区一：强行将自己塞进小一码的服装

人们习惯以瘦为美，为了尽显身材曲线，很多女性热衷于穿紧身的衣服。当然，这么做有一个前提，就是对自己的身材、年龄有足够的自信，否则，很可能穿出"问题"。

在多年形象设计经验中，我发现，特别是初入中年的女性都喜欢穿小码的衣服，而无法接受大一码的，认为穿"紧身衣"才不显得臃肿。其实不然，小一码的衣服更能显出身上的赘肉，如同粽子原理，背后其实是内心的不自信与对青春的不舍。

所谓"衣服越小，心量越小；衣服越大，心量越大"。如果一个人的穿着暴露了内心的虚弱、恐惧和嫉妒，以及对过往青春的不舍，依然活在少女梦中，与小女孩抢市场，那真是一件非常糟糕的事情。如果因此还花费了大把的金钱，实属愚妄。

雷区二：过分表达女人味

很多女性穿衣过分追求女人味，其实很多时候，女人味非但不会帮助自己减龄，还会成为一种束缚和限制，不利于表达自己的个性和魅力。比如，有些中年女性为了体现十足的女人味，喜欢大花大朵、繁复的蕾丝，或穿一些比较暴露的衣服，其实，这非但显不出女人味，也没有为自己减龄，反而让人看到满满的中年危机和在危机里挣扎的可怜。

什么是中年岁月？其实它是一个无比美好的岁月，是人生刚刚开始的丰盛期，是生命走向内在成熟的桥梁。高品质的朴素和简单才是中年女性应该好好享受的简约，而这份简约会被中年的阅历、风韵衬托出不同凡响的高贵。因此，中年女性要追求高品质的、朴素简洁的着装设计，以衬托出此时生命中的丰盈。

❋ 配饰是形象的眼睛 ❋

在女性形象设计方面,完美往往体现在细节上,特别是一些小的配饰,可以彰显一个人内在的品位与审美情趣,让苍白、无趣的穿搭瞬间变得丰富而有内涵,让呆板的造型瞬间灵动。

配饰,是形象的灵魂与眼睛。它的种类有很多,如包包、丝巾、珠宝、手表、眼镜、帽子、腰带等。当一个女人能够巧妙地运用这些饰品点缀的时候,说明她的生活是精致的,审美是有层次的,内心也是有灵气的。例如,全身服装都是黑色、灰色时,戴上红帽、涂上大红唇,用红色去呼应,立刻提神!

当然了,配饰并非多多益善。有些女性喜欢用过多的配饰来表达自己,硬是穿戴成了一棵圣诞树,这就俗了。少了、不够,就是庸;多了、过了,就是俗。庸俗之间,要拿捏好分寸。

那么如何避免庸俗,体现个人格调呢?关键要把握好以下两个要点。

1. 拿捏好露肤度

皮肤是女人最高贵和最精致的饰品。通常,越是在正规隆重的场合,女性越要搭配精致的饰品,并适当增大露肤度,比如白天穿日礼服、夜晚穿晚礼服。这时,不要把自己裹得像粽子一样严实,那就有些庸了。当皮肤裸露面积较大的时候,佩戴的饰品不宜太多,但一定要高贵、精致。当然了,在日常生活工作中,要减少露肤度,否则,裸露出过多精致的皮肤,就有点过了、艳俗了。

2. 注意饰品的年龄层级

在佩戴饰品前,一定要注意它们的年龄层级。如果是15~22岁的女孩,最好佩戴一些有纪念意义的首饰,而不是一些贵重的装饰物。比如,父母在成人礼时赠送的项链、手环,生日时收到的手表等,可以是钢质、银质、皮质,这样可以显出该年龄段应有的纯洁之美。

在佩戴饰品时,不要走在年龄的前面,提前去领受下个阶段的美和祝福,在哪个阶段就领受哪个阶段的美好,尽情表现、尽情绽放,然后顺利进入下个阶段。否则有失得体,比如,有些20世纪六七十年代出生的人,在叛逆的年纪没有染过头发,现在为了赶时髦,或是弥补过去的遗憾,会把头发染成黄色或紫色,看上去很不得体。

23~30岁是体现才华、能力的阶段,这时,通过配饰来表达个人的知性、轻简、正派很重要,因此,这个年龄段的女人应该拥有一两款简洁大方,且时尚感很强的首饰,质地绝不能粗糙,也绝不能华丽。比如,一些知名品牌的银链,或者其他K金的项链等配饰。如果只选择一件配饰的话,建议首选手表。为什么呢?因为这是一个建立职场形象的关键阶段,守时、有效率的形象可以为你加分。

有一次,我在香港购物,发现很多门店的店员都戴着精美的手表,看上去很酷,非常显贵气。我打听了一下它们的价格,大多需要三五万港币。除了手表,这些店员身上几乎看不到其他配饰,不花里胡哨,很有品位,这不由得让我联想到他们的人生品质以及服务质量。这里我想说的是,手表这种配饰很好地衬托了他们的工作状态与

敬业精神，以及对时尚和品位的解读。

　　30～40岁是成熟的年龄段，这个年龄段的女性，最好选择一些可以象征生命丰盛且有价值感的饰品，例如钻石，当然了，由于其价值不菲，选择不宜过大，哪怕一小粒，也好过一大块水钻和假钻。另外，吊坠也是一种不错的选择，可以选择适合自己色系的宝石，同样，也不宜过大。

在40～50岁这个阶段，个人形象应该是日益丰盛和完整的。这时，要通过饰品来体现你的练达、教养、品位，珍珠就是不错的选择。另外，这个年龄段的人在佩戴玉石、翡翠等吊坠、项链的时候，需要特别注意一点，即设计感，如果饰品在设计方面没有集古典和现代于一身，最好还是不要佩戴，否则会使个人形象受到极大的局限。

50～60岁这个年龄段，生命正行走在更为美妙的旅程上，为此，佩戴的配饰要看起来贵重，却看不到品牌的痕迹，比如，可以选择做工精良、品质上乘的钻石、宝石。如果你内心丰盛，也可以尝试驾驭稍微夸张一点的首饰，如夸张的色彩或是夸张的图案，比如说大丝巾、大披肩，它们可以让你显示出不一般的气势和气质。当然了，那些缀满了碎钻的手表，以及大颗的珍珠也比较适合此时的你。

如果年过60岁，可以一只手上戴三个或四个戒指，因为没有哪个年龄段比此时更适合戴金银首饰了。这时，打扮彰显了一种积极的生活状态，身边人会因为你的这种生活状态与较强的驾驭能力而更欣赏你。

在讲了佩戴饰品的两个要点后，再来了解下需避开的三个雷区。

雷区一：佩戴水晶或木珠类的手链

很多商家在卖水晶饰品时声称"黄晶招财""粉晶招情"等，其实没有这种说法，这只是他们招揽生意的方式。试想，当你佩戴一条水晶或木珠类的手链时，会给人一种什么感觉？直观的感觉是：你的底气不足，甚至整个人看上去有点虚弱。原本，你是想借手链来提升气质，结果别人认为你是在掩饰自己的"匮乏"与"软弱"，这样说来，它真的会破坏你的气质，给你的形象带来局限。

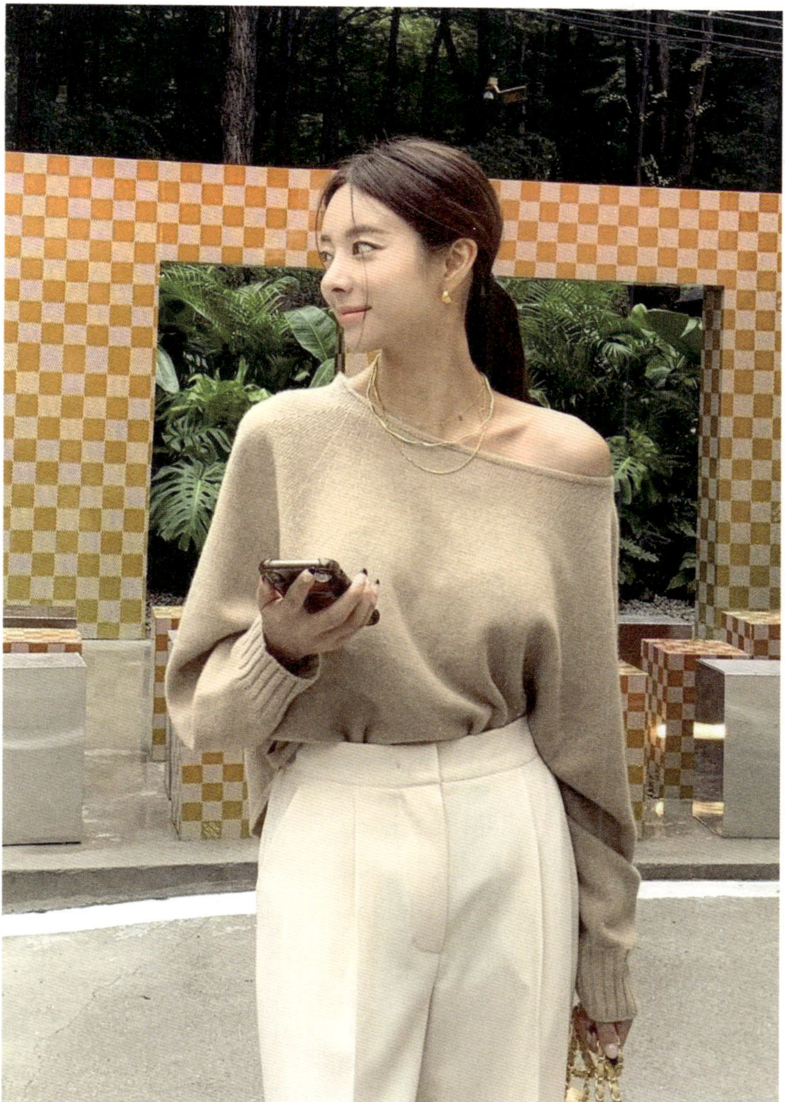

雷区二：把护身符当成项链

将护身符当项链会让你看上去缺乏安全感与信心。世界上没有可以真正用来护身的护身符，许多时候佩戴护身符非但不能护身，还会让你的形象大打折扣。为什么呢？道理很简单，护身符折射出一种迷信色彩，它透露出你的恐惧、你的担忧、你的匮乏，以及你自身的那份忐忑。如此，你整个人的气质会被拉低，而且看上去也很俗气。

要建立有品位的形象，首先要健康、阳光、生机勃勃，里边没有匮乏、恐惧，没有攀附和焦躁。所以，一些注重形象的女性是很忌讳这些元素的。

雷区三：过分彰显自己的内心与个性

一个人的内心和个性应该通过言行举止、思想和行为来体现，而不是仅仅通过外在的装饰品来彰显。有的人过分依赖首饰吸引别人的注意，这不是一个好习惯。比如，有人喜欢戴一些招财、招情、招桃花、招升官发财的水晶饰品，这其中往往透露出他们对外在世界的欲望和无奈。再如，有人喜欢手腕上戴一串木头珠子，自己觉得很有个性，其实它无形中会让人觉得"这个人没什么文化"，或是"此人没什么内涵"。

在时尚圈，有一句非常流行的话，叫"在时尚穿衣中，配饰的重要性远高于衣服的款式"。配饰不一定要昂贵，但一定要选对和用对，避免上述三个雷区，平价配饰也可以显示出高贵优雅的气质与时尚品位。

❋ 一切从"头"开始 ❋

俗话说：一个女人的美，美在一头一脚。

你可曾想过：你的发型是否封印了你的颜值？95%的中国女人都为自己没有一款满意的发型而苦恼，甚至终身寻觅。

形象美学、心理学告诉我们，一个人好不好看，关键要看"头"——脸和发型。脸是由骨相定了型的，没法改变，而发型是可以改变的，它是用来修饰脸型的。很多人不知道自己到底是该留长发还是短发，卷发还是直发，总之，烫卷了拉直来，拉直来又烫卷去，折腾多少年也没找到一个满意的发型。还有人干脆放弃，一辈子梳个马尾，梳得发际线都后移了。这都是跟着感觉和流行趋势乱折腾，自然不太可能有一个满意的结果。

其实，只要掌握了发型的锁定逻辑，就可以成为家庭发型师，随时做合适的发型，让整个人年轻十多岁，气质、颜值翻倍。为此，要掌握好以下几个要点。

1. 保持头发的乌黑浓密

健康的发质是美丽发型的基石，一头乌黑浓密的头发是古人定义美女的第一标准。不少人年纪轻轻就白发、脱发、碎发，这是因为身体肾元的损伤导致的气血亏损，就像秋天的树叶变黄、变秃。

为此，要从气血能量、营养滋补方面进行调整爱护。

很多女性在咨询我时，一张口就要治白发、脱发的妙方。市场上有许多这方面的妙方，但见效的寥寥无几。想让头发赶快长出来该如何做呢？有人花大价钱，甚至忍着痛苦去植发。结果，钱花了，苦受了，长出来的"头发"却显得那么滑稽。《黄帝内经》叫"发乃血之余"，身体气血亏空，哪有多余的血呀！头发如家庭装修，如果只有住茅草房的钱，身体哪有心思去想关于"一头乌黑浓密的头发"的豪装的事。

头发是头皮这个"土地里"长出来的"庄稼"，土地贫瘠，庄稼自然不会稠密。而土地养分的来源，不能靠外部施的化肥，过多地使用化肥，只会破坏土质，使其成为死土。头皮的营养来自整个身体的健康、气血的旺盛。关爱自己，吃好营养早餐，做好营养补充，养好气血能量，自然会长出一头好头发。所以，爱美的前提是爱自己！

2. 不染发

从人种角度看，亚洲人不适合染黄发。亚洲黄种人的皮肤白净、细腻，大自然匹配我们肤色的标准发色是深棕黑色，或者是自然黑色。栗色的染发、枯黄的染发等会让我们的年龄立刻增加五岁。另外，脸上的皱纹、毛孔、斑点瑕疵等会因染发而变得明显，脸盘也会显得大一圈，甚至显出老气、乡气、俗气。大自然匹配黄发、金发是给白种人的。他们过白的肤色、粗大的毛孔，需要枯萎的浅色毛发去匹配，这样才有美感。所以树立正确的审美观，需要遵循大自然的规律。

3. 制造高颅顶

颅顶，是眉骨、发际线、颅顶骨之间形成的空间，一般是指顶骨的位置。不管多大年龄、什么样的脸型，低颅顶都会拉低个人形象。高颅顶会让整个人显得年轻、稚气，脸小、立体，有少女感的幼态。相反，低颅顶会显出一股呆气、俗气、老气。

怎么分辨颅顶高低呢？这里有一个简单的检测方法：用前额的发际线到头顶的距离，与发际线到眉头的距离进行比较，如果结果是1∶1，就是等距，那就是高颅顶。欧美的白种人普遍为高颅顶，而亚洲人普遍为低颅顶。所以，我们很容易给人留下大饼脸的感觉。为了让脸部看起来幼态又精致，可以通过改变发型来制造高颅顶，只要颅顶高上去，气质立马会提升五分。那么怎么制造高颅顶呢？过往的教学中我总结了很多实操经验，直播间也做过很多教学，很多女性已经学会，本书后面会有介绍。

4. 注重脸型和发型的关系

我们说发型可以改变一个人的相貌，并不是说发型本身要有多好看，而是用它改变头部的大轮廓，即修饰和弥补脸型的不足和缺陷。所以，在用发型修饰脸型前，一定要先清楚自己的脸型，给脸型做清晰的定位。脸型不对，努力白费。

在20年的教学中，我发现绝大多数人对自己的脸型不清楚，或者有深深的误会。那么如何做脸型定位呢？在做脸型定位前，要了解脸型分几种。在亚洲人物形象规律系统里，我将亚洲人的脸型分为六种，即标准型、圆形、长形、方形、梨形和菱形。标准形的脸型就是"三庭五眼""四高三低"等距，这种脸型的女性，选择什么样的发型都好看，无须修饰。对于其他五种脸型，需要分别找出其长处和缺点，并通过发型来弥补脸型的不足，以达到扬长避短的目的。

例如，圆脸是因脸盘的长度不够，宽度较大，需用发型"增加"

脸盘的长度，"减少"脸盘的宽度，同时要减少侧面的堆积和齐刘海的遮盖，这样会显得脸型又短又宽。

有些学员属长脸型，即脸盘的长度有余，宽度不足。我的建议是：用发型来"增加"脸盘的宽度，"减少"脸盘的长度。具体怎么做？就是用刘海去占据上庭的面积，使两侧的头发蓬松一点，以"增加"脸盘的宽度。

有些学员是菱形脸，特点是颧骨高，太阳穴窄，还有一个尖下巴。我的建议是：增加太阳穴的丰满感，减少太阳穴的塌陷感，太阳穴的塌陷会让人感觉缺少幸福感。

当然，梨形脸也比较常见，特点是额头比较窄，下颚比较宽。对于这种脸型，在设计发型时，要增加上庭的宽度，减少下颚宽度，让整个脸型向椭圆形靠齐。

方脸是侧过去有清晰的直角线，对于这种脸型，可通过发型来减少下颚的直角线，增加脸型的柔美感。

下面，给出自我脸型定位及简要的设计思路：

把头发全部往后，让整个脸盘露出来，拍一张自拍照，然后确定额头最宽处的两个点，颧骨最宽处的两个点，再确定下颚、两腮最宽处的点，之后是下巴这个点，沿着这七点勾出轮廓，看看大轮廓接近什么形状，这就是自己的脸型。在锁定自己的脸型后，再沿着相应的发型设计逻辑，便可以探索出适合自己的发型，从而成为自己的发型师。

5. 根据年龄和身高选择头发的长短

很多女性会纠结："到底该留长发还是短发？"决定因素有很多，其中最重要的两个因素是年龄和身高。通常，年龄越大，头发应越

短。头发越长,下垂的重量越大,面部和骨骼的垂坠感也越强,所以,上了年纪后,要逐渐缩短头发的长度,比如,可由锁骨发到耳廓发,然后到更短小精干的头发。

那些齐腰长发,往往是身高一米七左右的年轻女孩的专利。倘若身高不够,却一头长发,势必带来压迫感,只会显得又矮又笨拙。所以,头发的长度与身高一定要比例和谐。

6. 根据面部线条考虑头发的卷曲度

随着年龄的增长,中年女性不再拥有少女时代面部的光滑曲线,脸部的胶原蛋白也逐渐流失,面部线条越来越多、越来越深。这时,可以考虑增加头发的卷曲度，毕竟一头直发只是那些充满胶原蛋白的女孩的专利。

那么应该烫大卷还是小花呢？这要依据个人五官的大小和颧骨、脸盘、骨骼的大小。五官大，脸盘的颧骨、下颚骨大，可以烫增加肌理感的卷曲度；五官立体，而且眉骨、颧骨高，立体灵动，可以烫大花。普通亚洲女性都比较柔和，烫带有刚硬感的玉米须、爆炸头和小卷，就会很违和。

7. 家庭发型师的"三宝"

想要成为自己的发型师，让自己拥有一头丰盈的、有空气感与灵动感的发型，需具备三种工具：电卷棒、长尾密梳、喷雾发胶。用它们可以制造出高颅顶、不同卷曲度和修饰脸型的任何造型。

发型和衣服一样，千人千面，根据自己的头部整体形状、脸部比例和特征，找到自己的发型定位，并选择合适的发型，可以极大地提升个人整体的气质和形象。

会"装"更会"妆"

中国人有一个传统，就是经常用茶水来招待客人，这既能显出礼节，又有仪式感。其实，女人化妆与此有异曲同工之妙。对女性来说，化妆不只是为了改变和遮掩，更是为了提升气质，体现应有的礼节与仪式感。但是，很多女性并不清楚这一点，认为化妆就是遮丑，就是为了好看。

试想，一个举止优雅、穿着得体、自信从容的女人，她画着精致、淡淡的妆容，即便是女人看了也会喜欢。

女性在脸上化的不是妆，而是修养和信心。我曾在日本一家超市购物，结账时，一位满头银发的收银员着实让我有些吃惊：她身穿浅灰色开司米卡丁衫，银灰色的短头发，烫着好看的卷曲度，戴着金丝眼镜，经典的深红色唇膏将唇部涂抹得轮廓精致而又色泽饱满。"欢迎光临，感谢购买"，伴随着礼貌的问候，她温柔地注视着我，眼里全是真挚、温暖、谦卑和友好。

在她的妆容里，我似乎领悟到了一个道理：在日本，为什么很多小商店可以做到100年，甚至300年！因为她的优雅，我竟然催促着自己又去选了几罐食物，为的是再次结账时，可以看到她那张精致的脸。那何止是好看，更多的是对我内心的一种震撼。

还有一次，在香港的地铁里，我看到一个女孩整整用半个小时来化妆，旁若无人、专心致志，周围的乘客司空见惯、无人关注。她所用的彩妆琳琅满目，但下车时，我发现她只是化了个淡妆，却十分精致好看，让人感觉她一定有份体面的职业和很好的家庭教养。

特别是在职场中，五官可以不精致，但一定要学会化得体的妆。这是一种美，更是一种修养、一种礼节、一种信心。即便在生活中，女人也应该化妆。因为妆容里藏着一个女人对自己的期许、对人生的未来态度、对未来的梦想。

那么如何化清新、淡雅且精致的妆呢？关键要把握好以下三个难点。

第一个难点是打粉底。

粉底可以营造出皮肤的质地。尤其年过 30 岁的女性，需要借助一些化妆品来重新营造面部的质地。但是，有一种观点认为，打粉底对皮肤不好，也无法阻挡皮肤黑色素，还不如接受阳光的沐浴，天天裸露在外呢。其实，粉底对皮肤有一定的保护作用，所以化妆不会比皮肤裸露在阳光和空气中更有害。

那么如何选择粉底呢？最好的参照标准就是自己的肤色，即以接近自己的肤色稍浅一个色号为准。比如，你的皮肤偏白，可用一号色，如果皮肤偏黄，可用二号色，不要选错颜色。如果你的皮肤偏黄，但是选用了一号色，结果会怎么样？一定会像是戴了一个面具。如此，即便妆化得再精致，质地感也显得非常差，且透着俗气、土气，整个人的品位、审美也会降低一个档次。

第二个难点是画眼睛。

所谓"远看形，近看脸，转身闻香，闭目听音"，看脸就要看眉、眼、唇，其中，眼睛最能显示一个人的灵动性。如果说，脸上留下了岁月的痕迹,一个女人的修养都写在脸上,那你透过眼睛可以看到她的经历、阅历,以及她的精神世界。所以,眼睛是整个妆容的重点。

有的女人眼睛长得很漂亮,是不是就可以不用画了呢?当然不是,无论眼睛长得是否好看,年纪有多大,都要去画眼睛。常言道:"眉目传神。"眼睛不画如何传神?年轻时不化妆,同样会显老气、呆气。小眼、三角眼、长眼、圆眼,或是单眼、吊眼,不管什么眼,一样都能画出神采,重要的是掌握正确的画法。

不得不说,有些女性天天化妆,却不懂最基础的化妆知识。如果自己实在画不好,可以先花些钱请个化妆师,顺便学习、讨教一番。

在课堂上,我一再强调:大家一定要认真地学习化妆。美学,美学,美是要学的。要学习得好,意识非常重要。在过去的教学中,内容虽然不涉及美容,但是,因为我在形象理论方面做了长时间的研究,且受邀参加了一些美容美发协会主办的讲座之后才逐渐知道,竟有几十万的化妆师没有工作,与此同时,又有数以亿计的女人不会化妆。

我曾观察过很多日本、韩国女性,她们每天都会花上半小时,精心地去画自己的眉眼妆容,但是看上去却像是裸妆,自然至极。而我身边的很多姐妹,也都非常喜欢这种"自然美",但就是不会操作,为此,我在美学直播课上和线下美学课堂开设了"妆容定位"的课程,受到了学员的欢迎。

那么如何把眼睛画漂亮呢?

首先要确定眼睛的形状。眼睛的形状一共有六种,看自己是长

26 | 迷人的外表

眼，还是圆眼，是三角眼，还是吊眼，抑或是下垂眼，当然还有一个是标准眼。所谓标准眼，就是眼睛长度比高度为3∶2。

在确定了眼睛的形状后，再通过眼线、眼影去调整。比如，你是圆眼，给人的感觉就是圆溜溜、瞪人感，怎么调整呢？可以向标准型的方向靠近，即在内眼角和眼尾勾勒出眼线，增加眼睛的长度，在应用眼影时，要侧重眼头和眼尾。

反之，就是长眼，会给人睁不开、眯着的感觉。调整方向就是加粗、加重黑眼球上部的眼线和眼影。

在画眼妆时，特别要注意一点：要关注你的眼间距，看两只眼睛的距离远近。如果眼间距偏宽，内眼角一定要用眼影侧重。如果内眼角距离比较近，会给人局促感，那眼线和眼影要侧重外眼角，这样看上去有一种向两边拉伸的感觉。

第三个难点是画眉毛。

画眉毛前，要确定你的脸型，然后根据脸型确定眉毛的形状，可用"30秒画眉法"。使用这种方法，需要先记住一个口诀："两点一线，三点一面。"即用两个点确定眉毛的基底线，用眉峰、眉头和眉尾三个点确定眉毛的形状。接下来，再记住十二字口诀："下实上虚、前轻后重、前宽后细。"

什么意思呢？

很简单，下实上虚，就是下面的基底线是一条实线，上面显示眉毛形状的那条线是一条轻轻的线，即为虚线。前轻后重，就是把眉毛的形状勾勒出来之后，用眉笔给它填满，填满的时候前边轻一点，后边重一点。前宽后细，也就是眉头一定要宽过眉峰。

在画眉时，切记这两个雷区不能踩：一是眉尾比眉头低，这叫倒眉，是一个下坠的能量；二是眉头比眉峰窄，这是剑眉，是一个能量场混乱的能量。

可能有人会问了：这也不能，那也不能，到底该怎么做呢？现在就拿出你的眉笔，从你的鼻侧翼纵向延伸，沿着鼻侧翼和眼睛的内眼角纵向延伸，上边的点就是你眉头的起点。接下来确定眉尾。拿着眉笔从鼻侧翼沿着眼睛的尾部，两点连成一条直线向上延伸，便可找到眉尾的位置。眉峰的位置在眼球外侧的垂直纵向延长线上。

有句话叫"女人是本书，形象是封面"。一个女人的内在很重要，但外在形象同样重要。所以，女人一定要会"妆"，这既是对魅力的加持，也是一种修养礼节的展现。

第二章

做自己的形象设计师

❋ 自我色彩定位：找出自己的最佳用色 ❋

色彩是用来管理人的品位的。

为什么生活中那么多好看的颜色，别人穿上去就那么漂亮，而自己穿上去就显得土里土气？

一个重要原因就是自我色彩定位有问题。在平时的生活中，我们选择一件衣服时，首先要考虑色彩，其次才是款式、材质等。恰到好处地运用色彩搭配，可以很好地传递一个人的能量场和帮助提

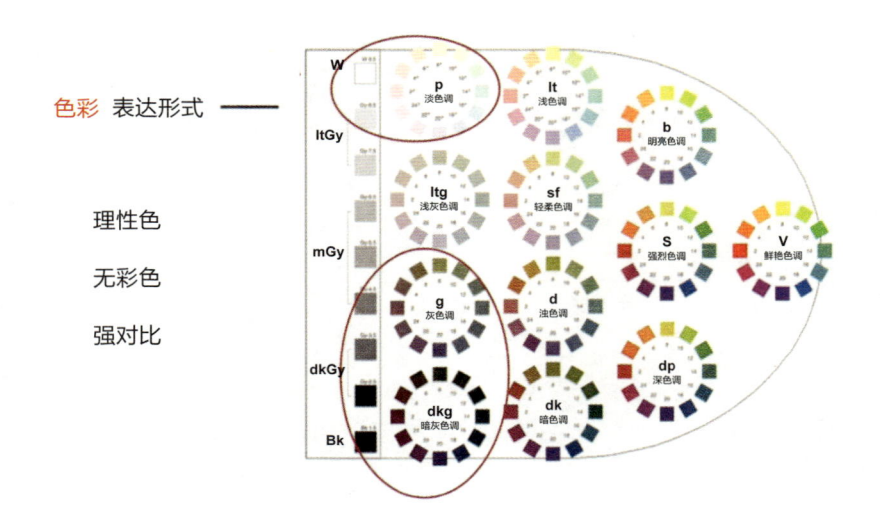

色彩 表达形式 ——

理性色

无彩色

强对比

升气色、气质。

但是，在没有学过自我色彩定位之前，很多女性会步入一个误区，那就是喜欢跟着潮流走，今年流行什么色系，就去追求什么色系，或者看别人穿着好看的颜色，自己也去穿。可谓生命不朽，折腾不止，却忽视了自己的色彩定位，所以不知道自己究竟适合什么色彩。

在过去的教学中，我经常说，想要让自己的形象变美，做自己的形象设计师，一定要从自己的身上找出一个规律，即颜色规律。色彩有很多用途，其中之一是用来管理人的品位。

在我的员工中，有的天生漂亮、帅气，有的则像"小憨憨"，经过我们的一番指导，那些"小憨憨"便变得靓丽起来，在做了一段时间形象顾问后，你根本分不清谁是先天型美女，谁是后天努力型美女。

起初，一些员工对颜色并不敏感，衣服的色彩搭配比较混乱，本来很有品位的服装，硬是穿出了一股乡土气。后来，大家逐渐找到了各自的色彩定位，身上的颜色也开始变得和谐、漂亮了，看上去也很舒服。

那么如何寻找自己和衣服颜色之间的关系呢？首先要了解自己的色彩定位，然后找到自己的最佳用色，穿上去就会让五官立体，脸盘更紧实上提，斑点瑕疵减少，整个人年轻很多。

那么什么是自己的最佳用色呢？到底是该穿深色还是浅色？艳色还是浊色？冷色还是暖色？诸如这些问题，都需要专业人士来帮你解答。做自己的设计师，我们只需要把握两点，即掌握好深浅、艳浊就足够了。

首先，要知道人体是有色彩的，是一个天然的配色系统，每个人生出来就有色彩。浅色是由皮肤、眼白、牙齿色彩构成；深色是由眉毛、头发、眼球色彩构成。即使你不穿衣服，你也是一个有色系统，因为每个人生来的有色系统、配色系统不一样，所以每个人穿衣用色时的最佳用色也不同，这也说明了为什么有的颜色别人穿好看，到你身上就不好看。

例如，有的人眉毛、眼睛、毛发黑，而皮肤、牙齿、眼白很白，这两大系统对比分明，这种人属于第一眼美女，人群中一眼就能看到，她们穿鲜艳的服装，或是肤色与服色对比强烈的服装都很好看。

相反，毛发比较黄，眼球也不黑，皮肤也不白，眼神也不犀利，毛发的颜色和皮肤的颜色对比也不强烈，反差也不大，这些人适合穿一些带有怀旧色彩，或是色调柔和的衣服，会更有高级感。

找不到自己身体的色彩规律，就无法找到自己的最佳用色，自然也就很难穿出让人看着很舒服的状态。所以，进行自我色彩定位的关键，是明确身体的色彩规律。

有的人发色、肤色反差较大，皮肤比较白净，眼神犀利；有的人发色肤色反差较小，眼神柔和，肤色不黑不白。那他们的自我色彩定位是不同的。我们可以根据色彩简单将其分为三类，分别是浅型人、中间型人、深型人。

浅型人肤色偏白，皮肤白皙，毛发颜色浅，眼神轻盈，看起来不显年龄。所谓"一白遮三丑"，这种人看上去轻盈、干净、年轻。

他们的用色范围较大，所以很多色穿在肤白的人身上都会好看。这类人最佳用色就是偏浅色，衣柜里应该浅多深少。相应地，最佳用色应是接近面部的颜色，在搭配上应上浅下深，但要注意不要形成太强烈的对比，例如红和绿、黄和紫。

中间型人皮肤偏黄。如果你是这个类型，不必担心，只要用浅一号的粉底，立刻让你归入浅型人中。然后，在用色上遵守浅型人的用色规律，其最佳用色是在所有的浅色里边增加一点灰调，也就是柔和色调，如莫兰迪色系。

深型人的皮肤偏黑，但是也不用着急，更不要自卑，皮肤颜色比较深，反倒能显出一种高级感与野性美，彰显欧美的摩登、部落的奔放和大气，这一点是浅型人没有办法做到的。在用色方面，深

型人最佳用色是深色，所以衣柜中应该是深多浅少，靠近面部用深色，远离面部用浅色，浅色可以用在下半身、鞋子、包包上。在全身的色彩搭配方面，不宜形成强烈的色彩对比。深型人，材质上要选用品质高、挺括一点的面料。

　　色彩定位是衣服搭配的基础。只有知道自己属于什么类型，适合什么用色范围之后，才能将一些色彩运用在日常穿衣搭配上，并穿出美丽人生。

❋ 自我风格定位：找出自己的最佳服饰风格 ❋

曾引领时尚潮流的美国第一夫人杰奎琳说："时尚转瞬即逝，唯有风格永留存。"很多女人一生都在追求自我风格，可是基本都是在不断试错中摸索，结果很不理想，同样是穿奢侈品，别人穿出的是高级感，她们透着的却是满满的土豪感，穿不出那种随意中的流畅品位。

究其根本原因，是我们对风格只有朦朦胧胧的感性认知，根本没有学过自我风格定位。实际上，每个人都是独一无二的，都有自己独特的风格，可以和自己独有的衣服共振，呈现高贵典雅的衣人合一的最高穿衣境界。

那么如何找出自己的服饰风格呢？可以从以下两点着手，了解自己。

了解自己的"形状"

这里的"形状"既包括体形，也包括五官的形状，以及骨架的形状。面部的形状大体有两类：一是柔和型，二是棱角分明型。另外，有人的身体是直线型的，有人是曲线型的。这样，就产生了四种组合，分别是：柔和的直线型、棱角分明的直线型、柔和的曲线型、棱角分明的曲线型。

不同的身型对应不同的服饰风格，如柔和型的女人，女人味比较强，温柔和软，适合选择柔和的线条图案以及柔和的花卉图案等有曲线感的服饰，适合有曲线感的烫发。直线型的女人，给人感觉干练、简单，适合穿直线感线条多一点的服饰，更显帅气洒脱。

明确自己的"大小"

身体的大小既包括身体体积的大小，也包括五官的大小、脸盘的大小。体形大的人适合大图案、大廓形，体形小的人适合小图案、小廓形。五官大、脸盘大的，适合大图案、大领子、大口袋、大纽扣等。反之亦然。

简单讲，我们可以从两个角度去定义自己的风格：大小和繁简。

- **大小**。风格分大小，看自己是大风格还是小风格，先要看一下身高，然后再看脸盘和五官的大小。如果身高在一米六五以上，五官与脸盘也较大，那就属于大风格。如果身形在一米六以下，身形较小，五官也小，那就属于小风格。介于一米六到一米六五的，就属于中风格。

- **繁简**。看眉骨、颧骨是否高，五官是否立体，鼻子是否挺拔高耸，眼窝是否深凹。如果脸上的线条丰富，面部的轮廓立体，那就属于繁型风格。如果面部轮廓柔和、舒缓，那就属于简型风格。打个比方，就像给自己画素描，如果用简单几笔就能把自己画出来，那你属于简型风格。如果用很多线条才能勾勒出自己，那就属于繁型风格。

了解风格定位后，就可以定义出自己的风格类型，知道自己属于"大繁""大简""小繁""小简"，还是"中繁""中简"风格，对应的服饰风格也就确定了。大风格的人适合穿大风格的衣服，也就是长度中长可及脚踝，图案也大，服饰的内轮廓，例如领子、扣子、口袋、腰带等都大的衣服。小风格的人适合穿长度短，花纹图案小，内轮廓如领子、扣子、腰带、口袋等都小的衣服。

繁风格，适合设计繁琐、图案丰富的款式；简风格，适合裁剪简洁、图案简单或净面的款式。

通过上述方法，确定了自己的服饰风格后，在具体的穿着搭配方面，还要考虑以下两个因素。

● **身高**。对服饰的驾驭能力主要由身高决定，面部只起辅助作用，这也是为什么模特必须身高一米七二以上，这个身高可以摆脱色彩规律和风格的束缚，对不同风格的驾驭能力更强。

● **比例**。简单讲，如果你是一个长得很对称的人，"三庭五眼"等距，"四高三低"也等距，身材非常匀称，那就属于古典型。这种身材比例的人，穿好材质、对称款式的衣服，或是职业装会很好看，很显高级、端正、典雅。否则会显出廉价感，浪费了良好的天资。

在生活中，很多人的身材都是不匀称的，脸型也不均衡，五官之间的比例也差些，也就是我们常说的"长相不均衡"。这时，就需要靠不均衡的衣着打扮来遮掩，让人以为这是"衣服不均衡"，从而忽略了对身体本身的注意。

如果长相不均衡的人穿了均衡的服饰，就会显出一种不均衡、不对称，人看上去也不板正。也就是说，均衡的服饰会放大长相的不均衡。如果你的身形和脸型不均衡，要避免穿一些老款式的衣服，否则很难穿出板正和贵气。这也是自我风格定位的意义所在。

在学习、尝试自我风格定位时，一定要大胆尝试，不要害怕犯错，想要美丽总是要付出代价的。在尝试的过程中，你会逐渐发现自己的优缺点，通过多次试错，最终是可以准确定位自己的风格的。在这个过程中，美商也会逐渐成长起来。

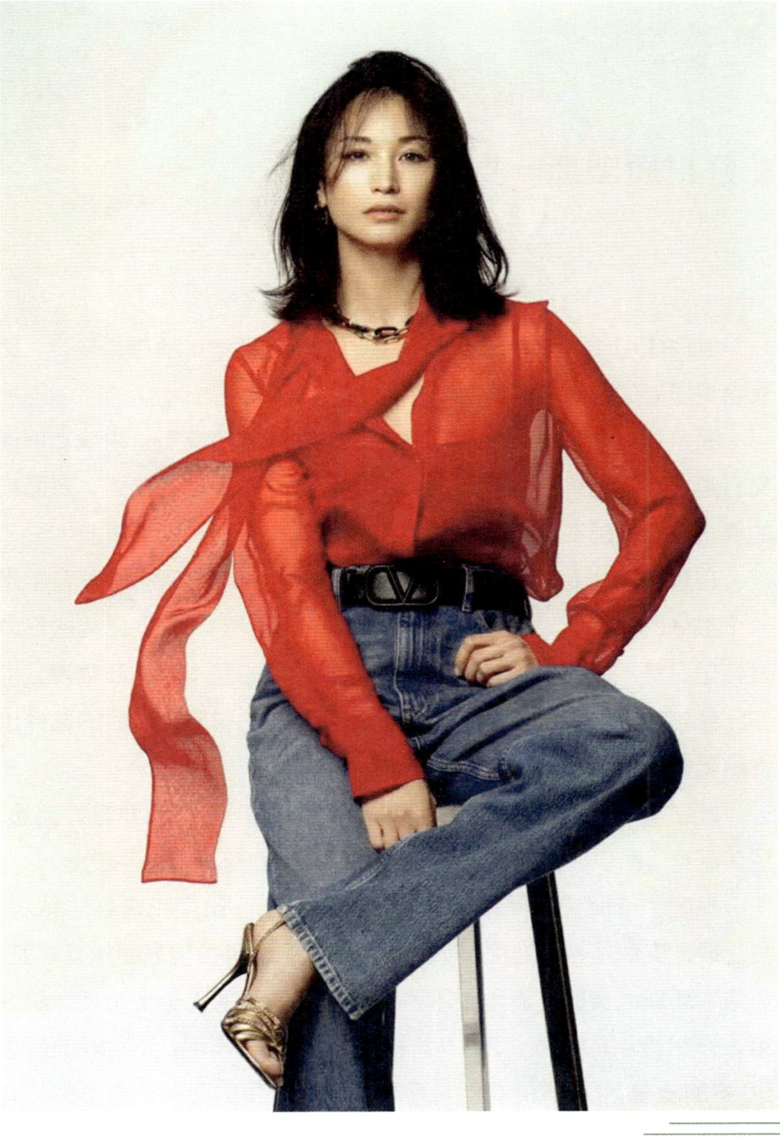

❋ 好材质塑造一身的淡定 ❋

30岁以上的女人，在选择服装时，一定要考虑质感，毕竟，比衰老更显老的是廉价的面料。

面料是有表情的。优质面料的表情本身就是高贵、内敛、严谨又有趣，容易给人一种向上的力量。而且越是基础的款式，对面料的要求越高，越不能将就。

在直播间中，我常说，"在形象管理学中，决定从材质着手是一个最好的开始，尤其是30岁以上的，无论男女。"在自我的形象设计里，基本款是决定形象的基础，如果你的基本款材质精良，那你已经站在魅力的基石上，而当你习惯了好的材质，以后的选择也会朝着类似的手感靠拢。

好材质、好品质，是好衣服的基础。好衣服必须要有好品质，经久耐穿。所以，说材质决定一个人的衣橱血统，真的不过分。

棉质、麻质是自然和艺术的结合，有永远田园和青春的特质；丝、缎、皮草是养尊处优，不问世事的；混纺科技闪光面料是前卫、摇滚，新新人类的；而羊绒不管在哪个年龄段的人身上出现，总是给人一份贵族的雅致。20岁的棉麻，30岁的羊毛，40岁的丝绸，50岁的皮草，60岁的花呢，而羊绒则是一生的面料。穿羊绒外套的小孩总会显得家世良好，像是更加受到父母的宠爱；穿羊绒校服的学童，安静地传递着正在接受良好教育的信息；那些系着羊绒围巾，穿着羊绒衫的大学生，自然地展现着文雅学子的风采。

我一向对羊绒情有独钟。每次我为自己添置羊绒衫和羊绒外套时，就像添置不动产一样喜悦。在二十多年的职业生涯中，我做过无数衣橱打理，每次不被丢弃的衣物总是那些好材质的，尤其是羊绒，甚至有些材质上乘的基本款穿了将近十年，每次穿在身上总会得到赞美，总会让我对自己的选择深感自豪。

虽然每种面料都有一个特殊的年龄段将它表达到极致，其中唯有羊绒是可以跨越一生的，因为羊绒是人类迄今为止能够开发出来的最好的蛋白质纤维，当然是最好的基础款材质。

羊绒和丝绸不一样，它有一种永不衰败的精神气质，而且也不会因为材质的高贵而增加人们的年龄感。如果说丝绸具有一种赋闲的气质，那么羊绒则是高贵而低调的、稳妥的，有一种持续的力量，一种恒久不变的沉稳格调，能动能静，在学院、职场、家庭、度假、观光等不同的场合应对自如。

每一种材质都有自己的表情和表达语言，在专业的设计师眼里叫"面料表情"。好的材质，让我们出门的时候再也不用慌张，能够淡定地完成自己的工作，这是一种安稳的、殷实的、美不胜收的喜悦。如果基本款的材质精良，那么你就已经站在魅力的起点上，尤其是选择一些朴素而又稳妥的材质。

确定自己的扮靓观，找到适合自己的，才是最根本的，才能穿出一身的精华，不穿看起来便宜的东西。提前进入服老阶段就会很危险，如果一直让自己处在父辈的匮乏，所有的采买都以性价比为前提，那将是一个万劫不复的深渊。便宜始终是小，所以才说"小

迷人的外表

便宜""贪小便宜",我们没有听说过"大便宜"。女人不要半生穿错,穿错意味着对自己的惩罚、丑化,意味着钱白花,一直在打扮一个不是你自己的别人,是外在对内在的背叛。

这里,需要特别强调两点。

1. 使用好材质不一定更费钱

当然一定要做好贵的心理准备,因为我贵,所以我配。比如,我们为了性价比去一些时尚店,买上一条八十元的时装皮带,用了两次,皮边油漆开始脱落,开始掉铆钉,算下来使用一次的成本是40元。如果花上800元买一条真皮材质的皮带,10年都系不坏,平均每年系30次,10年300次,800除以300,也就2元一次,重点是你每次用它时,都会被真皮材质的好气场所滋养。所以我常跟我的学员和女儿说,用买5件衣服的钱,去买一件衣服,然后好好珍惜。这样,在享受高品质的同时,也能顺便养成"珍惜"的好习惯。

2. 在选择材质时,也是要看脸的

如果你的五官平缓、柔和,眉骨、颧骨不高,整体很东方,在挑面料材质时,一定要选肌理感简单、平滑的面料,不选肌理感复杂的、毛茸茸的面料,因为粗犷的肌理感会让五官看上去更平缓,而缺少立体感,人会更加不精神。这时,即使它再贵,也穿不出贵气,只像生了一场大病似的憔悴。

同样的道理,如果皮肤长得特别嫩,特别细腻光滑,则不宜穿特别粗糙的面料。如果皮肤不那么嫩,毛孔粗大,不宜挑选特别光滑的料子,如绢、丝之类,这些细腻的料子会让皮肤显得特别粗糙。

见衣如见人,着装就是你的代言,穿着得体,人们会记住衣服里的人,否则最多也就只能记住衣服,这就成为一个笑话了。

迷人的外表

❈ 十个终身得体的通勤品 ❈

女人都渴望能够拥有一个让自己安心、满足、从容、自得其乐的衣橱，让自己在潮流中自如地穿行，同时又能够让自己在任何场合都不是最惹眼，却是最得体的那个。要实现这份从容与美好，女人的衣橱必须要有十个主干单品。看看你有几件？

46 | 迷人的外表

衬衫裙

衬衫裙是一种可退可进，且能体现低调和淡定的服装。它一上身就让人有混血儿的气质和好女人感，同时朴素而有礼节。从20世纪30年代起，就在名媛阶层、时尚圈达人、职场人士、家庭主妇身上出现，能够完全呈现出宠辱不惊的大家风范。如果你想要拥有一条极品的衬衫裙，基本元素是衬衫领、收腰、大摆、过膝、图案经典、历久弥新的颜色，还要带有口袋。

48 | 迷人的外表

卡丁衫

看到这三个字，你可能会说，它不就是开襟毛衣吗？对啊，就是它，它就是卡丁衫。对一件事物知道得越多，我们的表达就会越丰富，爱就越多，也就越来越能为彼此带来成就，我们和衣服之间，和时尚之间的关系不也应该这样吗？当你知道了卡丁衫的来历和故事，我确信你在日后的穿着搭配里会注入更为新鲜和准确的认识，以及更多的灵动和热爱。

卡丁衫源自"二战"期间，有一位英国的伯爵叫 Cardigan，他是一位轻骑兵领袖人物，在英勇的战役中成名，战役也使得他镶着金边的羊绒大披肩一举成名。在欧洲严寒的冬天，马背上作战，可想象那种寒冷，可那些紧身又华美的军服是无法御寒的，所以 Cardigan 伯爵就想能否把披肩改成贴身的款式穿在军服里面，这就是卡丁衫的来历。

它除了正式社交场合和严肃职场不可以穿着，在其他场合统统可以得体地出现，是可以让一个全职太太穿出高贵和端庄女人味的上好单品。特别是对于一些身居高位的女性来讲，卡丁衫可以帮她建立在家庭中柔软温暖的形象，显得更为亲切、真实。但是，作风强势的职场女性，在选择它时一定要慎重。因为卡丁衫本身的服饰语言是放松、优雅、文艺，与强势无缘。

迷人的外表

摆裙

摆裙也叫圆裙，是有着宽下摆的半裙的统称，因为下摆宽阔舒适，走起路来摆动有动感，它实用、优雅、百搭，能文能武，它的实用和摆动的美感，可以配合女人的各种情绪，能够让笑声在转动的裙摆里花开花落，也能够让我们从容地穿梭于职场和休闲场。女人情绪的起伏，时喜时忧的节奏，摆裙都能配合，它常常使女人处于端庄美丽、放松自信中，也是男人们十分钟爱的款式，毕竟男人们都喜欢裙裾在自己身旁飘动的感觉。

摆裙的百搭四季皆宜，无论是夏天的T恤、秋天的羊绒，还是大衣，都会清新脱俗，颇有情调。尤其是冬天，在一条摆裙里，你穿多厚的裤袜也不见得能看出来，在寒冷里，依然能够显示女性的情怀，保持美丽动人的风度。你若拥有一条，衣橱中不少的上衣可以被它盘活、起死回生，因此这是衣橱的主力之一。

52 | 迷人的外表

白衬衣

为什么是它？因为白衬衣最不性感，人到中年，身上的女人味四处流露，就像一个熟透了的水果，下一步即将泛着酸味，再下一步是走向腐烂，所以一件硬挺的、棉麻质地的白衬衣是必要的，洁白的颜色具有清洁感，可以刷净年轮留在身上的世俗。特别是女人的脸蛋，在白衬衣朴素的色彩和利落的造型里会成为真正耀眼的亮点，而且这种简约的穿着，会让人们觉得她对自己的漂亮不在乎。但是什么人不在意自己的漂亮呢？当然是有才华的人、有实力的人，极度自信、相信自己的人。

迷人的外表

花衬衫

它叫最佳配角，能将所有素面的、净面的衣服和外套激活，能够让亲切的、时尚的、严谨的造型迅速变得或自然，或浪漫。花衬衫还可以给人增加一份时尚感，使其看起来更加时髦和有吸引力。这种衣服很适合在休闲场合穿着，如度假、逛街、约会等。

迷人的外表

时尚单西

　　单西是一件很体面的单品，是工作、生活、休闲，时尚活动都可以出席的主角。当它上身的一刹那，会让你非常有存在感。它可以让你看起来更加干练和职业化，尤其是在工作场合或者是一些正式的场合，可以让你更加自信和得体，是气质造型方面的骨干力量。另外，它也是时尚世界中非常酷的必备单品，是全球时尚界最为普遍的服饰语言。

迷人的外表

真丝弱光泽的小内搭

衬衫裙、白衬衣、卡丁衫,乃至时尚休闲单西的应用,怎么能少得了它?它如同是一篇好文章里的标点符号,不仅不可缺少,而且还会让文章的意境表达更为完美,让穿着的立体感和层次感以及丰富度立刻提升。真丝弱光泽的小内搭可以给女性增加一份时尚感和优雅感。这种材质的服装有着独特的质感和光泽,能够让女性看起来更加时尚和有品位。

迷人的外表

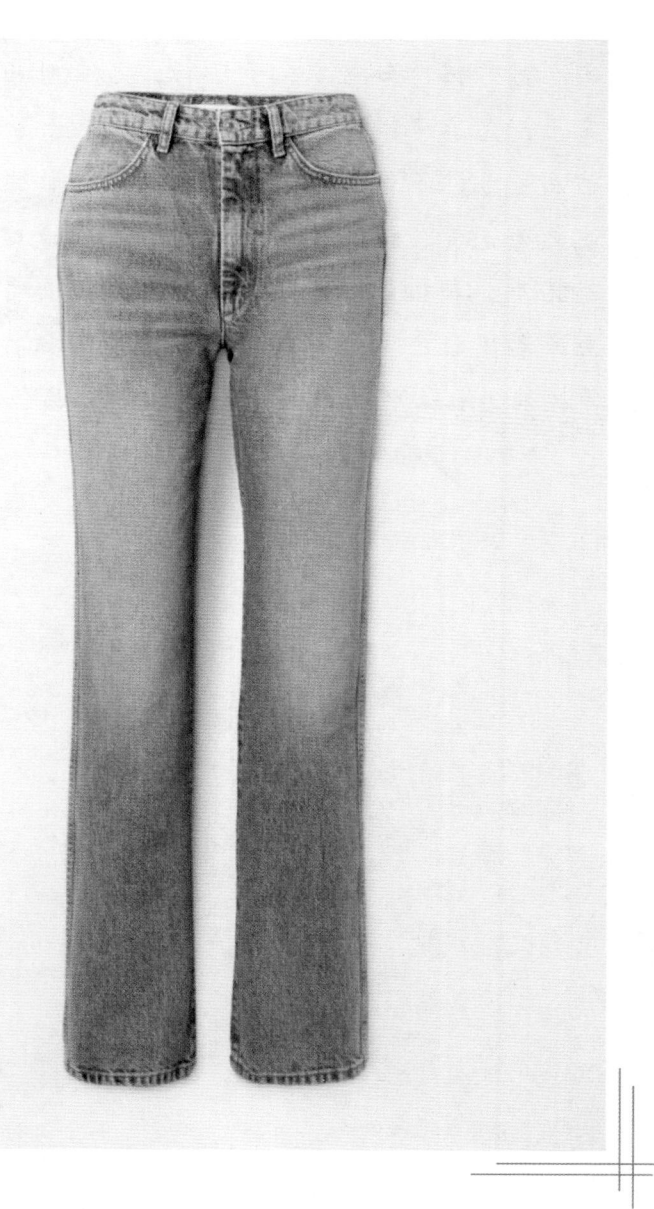

牛仔裤

牛仔裤曾经因为前卫、嬉皮、大众化，而不能登上大雅之堂，如今它是时尚界用来千搭百搭万搭的经典元素，也是塑造国际化形象的不争之选，更是凸显年轻与活力的标志。多少明星、超模都坦言自己衣柜里最多的就是牛仔裤，它确实是各种风格的最佳配角，会把你的形象打点得个性又妥帖，会让你具有一种朴实的价值感和存在感。

高品质的鞋

鞋子对女人来说实在太重要了。一个人隐藏的气质,常常会在鞋上体现出来,所以鞋子的干净、利索、简洁,就像一双诚实的眼睛。

一双高品质的鞋能够让我们通勤于所有场合,不必刻意,却有着单纯的丰富。

腰带

女人的腰带是女人身体语言里的柔软支点，而不是威风凛凛的武装带。对于一般的身材而言，腰带能起到令人振奋的效果。第一，拉高腰线。第二，色彩隔离。第三，材质反差。第四，令我们立刻由柔软变成振作。另外，它还能增加层次感和时尚感，可以修饰服装款式。所以对于身材平平的人，也会因为一条腰带发现自己完全可以拥有让人惊艳的造型，腰粗的人用细腰带，腰细的人用粗腰带。

在生活中，你要是本着这样的原则，像添置不动产一样去构建自己的经典衣橱，你将拥有十分得体的形象，从容穿梭在工作、生活和各种社交场所中。

❋ 女人味那点事儿 ❋

女人，就要有女人味。提及"女人味"，总会让人在脑海中勾勒出一个身穿旗袍、身形婀娜多姿、手上拿着小折扇的性感形象。

做一个有"女人味"的女人是每个女人的追求，但是很多女人为了表现女人味，要么说话办事娇滴滴，要么把自己打扮得性感撩人，这是女人味吗？不是。这里要说的女人味，是指女性在穿着、言谈举止等方面所散发出的女性魅力，它可以让女性看起来更加优雅、自信。

通常，一个女人是否有女人味，看她的眼睛、脸就知道了。其实，女人味的性感营造区是在胸前，脸和胸前加在一起，称为第一性感区，小腿到脚，称为第二性感区。

一个女人，脸长得很有女人味，相对地，"胸前战略"就不是特别重要了，但有的女人长得中性化，不是那么有女人味，就可以通过"胸前战略"来营造。

很多学员不清楚这一点，冬天用毛衣挡住了半年。我说，你这样怎么能有女人味。

对大多数女性而言，要打造"胸前战略"，选择穿什么样的背心很关键。这个可以根据自己不同的脸型去找。U形的、V领的、鸡心领的,还是一字领的,我比较推荐大家穿鸡心领或大U领的背心。当然,你要知道,自己背心从前到后,哪是上班的深度,哪是私密约会的深度,要适度地打开,绝不能过度。

在这里,打造"胸前战略",不是为了暴露而暴露,而是根据自身的气质、场合、职业等得体地选择着装,除背心之外,还有长裙、连衣裙、尖鞋、围巾、吊带等更女性化的衣着。这些衣服不必穿得太严实,但也不能太暴露,拿捏好尺度,才能穿出女人味。

除了着装,还可以从以下三个方面来打造女人味。

● **根据场合选择饰品**。比如,在耳朵上挂上悬垂感的、闪光摇曳的饰品。试想,在一个装修精致的餐厅就餐,坐下之后,对方的视线点就在胸高点以上,这时候你那摇曳闪光的耳饰,在灯光下折射出来的光线,映射到对方的眼睛里,那一刻就是你整个晚上女性魅力指数最高值的时刻!

● **让自己爱上读书**。书卷气一旦上身,是一辈子的流光溢彩,谁也夺不走。

● **善用香氛**。要做厨房有菜香,客厅有花香,卧房有熏香,骨子里有书香,身上有体香的五香女人,体香让女人味升华,入心入神。

美貌不等于女人味,味道是散发出来的,在不经意间悠然出现,悄然地潜入你的视线,分别后有余音袅袅、回味无穷的感觉,是平静中达到的一种眷念,是走过那片荷塘仍留在那里的藕断丝连!天然味道的内涵可以覆盖美丽,而美丽却不能代替味道。味道甚至可以突破年龄这个残酷的界限。君不见,有些发如霜雪的女人仍很有味道,仍是那么美好。

迷人的外表

第三章

三分靠"颜"色，七分靠"态"度

❈ 漂亮不等于好仪态 ❈

女人一定要有好仪态。是的，你没听错！虽然这听起来有点老派，但是好仪态对于女人来说真的非常重要。你可以不漂亮，但一定不能没有好仪态。你知道吗？当你走在街上，优雅地挺直腰杆，微笑着与人交流，你会立刻吸引所有人的目光。相反，当你走路佝偻着身子，面无表情，别人就会忽视你。所以想要成为众人瞩目的焦点，就一定要保持好仪态！好仪态是女人的秘密武器！它能让你更加有魅力、更加自信。

毫不夸张地说，仪态比穿衣更重要，毕竟美丽的造型是静态的，而在日常生活中，女人的气质从动态中体现。

那么如何打造好仪态呢？

手部动作要有美感

你可能会想："为什么要关注手部动作呢？难道只有手部动作美了，整个人才能变得美丽吗？"当然不是！但是，手部动作确实是一个非常重要的细节，它能够为你的整体形象增添一份特别的魅力。

先来看看女性手部动作的一些常见问题。有些女性在说话或者做手势的时候，总是不自觉地用力过猛，手臂像个风车一样疯狂地挥舞。这样的动作不仅显得有些夸张，而且还会给人一种过于紧张的感觉。另外，还有一些女性在手势上缺乏优雅，动作生硬而呆板，就好像在表演机器人舞蹈一样。这样的手部动作不仅无法展现女性的柔美，还会让人感觉有些尴尬。

那么如何让手部动作更具美感呢？

首先，我们要学会放松手臂和手腕。试着用手指轻轻触摸一下自己的手腕，感受一下手部的柔软度和灵活性，然后在说话或者做手势的时候，尽量保持这种柔软的状态。

其次，我们要注意手部动作的协调性。不要让手臂和手腕像两个不相干的部分，而是要让它们协调地运动。试着想象一下自己是一个舞者，手臂和手腕是你的伴舞者，你们要一起跳一支优美的舞蹈。这样，你的手部动作就会显得更加流畅和优雅。

最后，我们要保持自然。不要刻意去模仿别人的手部动作，也不要过于拘谨地去控制自己的手部动作。相信我，自然的手势才是最美的！试着在日常生活中多加观察，学习一些优雅大方的女性手部动作，然后在适当的时候运用到自己的表达中。不要害怕尝试新的动作，也不要害怕出现一些小小的失误，笑一笑就过去了。

走出优雅流线

走路时要轻快，使身体保持平直，两只脚不可分得太开。平时走路，腰部要有力，要有韵律感。走路时腰部松懈，会有吃重的感觉，给人以衰老之感；走路松松垮垮，拖着腿走路更显得难看。走路的美感，在于下肢移动时与上体配合，形成一种协调、和谐、平衡对称的人体运动美。

特别是穿高跟鞋的时候，千万不可八字脚走路。有的人穿高跟鞋行走时腰挺不直、步迈不开，形成撅着屁股、探着腰走路的姿态，很不雅观。正确的姿势是：开步时立腰、提气，腰部用力，迈步的同时，迅速调动小腿和脚背踝关节肌肉韧带的力量，并迅速调整后背力量以支撑身体重心，腰关节伸直，由脚后跟先着地的滚动式支撑重心，步子的节奏加快一点，这样就会使你的步伐显得轻快稳健而富有节奏感。

另外，穿裙子时要走成一条直线，穿裤装时要走成两条直线，步幅稍微加大，才显得生动活泼。

站要有站样

站，怎样才有样子呢？弯腰驼背的姿势是最难看的，而且有碍于健康。站立的要领是：挺、直、高。也就是身体各主要部位应尽量舒展，两腿并膝直立，头不下垂，下颌微收，眼看正前方，胸不含，肩不耸，应沉肩，背不驼，髋膝不打弯，微收臀、收腹，这样就会给人一种挺拔俊秀、精力充沛的感觉，如果哈腰驼背、腿髋打弯、腿摇、手臂乱舞，容易给人一种轻浮之感。我们都见过女舞蹈演员和女体操队员，她们之所以看上去亭亭玉立、优雅动人，就是因为站姿优雅。

坐出优雅范儿

说到坐，谁又不会呢？其实，很多女孩子并不在意坐的细节，甚至坐相难看。坐，要身体正直，肌肉不紧张即可。坐时要做到端正、自然、大方。臀部是支撑点，而优美的坐姿取决于支点两侧的部位，取决于腿和上体姿势的配合与协调。坐在椅子上，腰部适度挺直，两腿自然并拢，也可以前后相掖，或收在椅下，或两腿并拢、平行、略前伸，可正放或略向斜侧。肩部要放松，双手交握放在膝关节上。与人交谈时，身体要适当前倾，这样既可以听清对方讲话，又显得谦和有礼。坐沙发时，要注意两脚的收放姿势，不要一直前伸，不要把头仰到沙发后面去。在社交和会议场合里，要正襟危坐，入座要轻盈，起坐要稳当，不要争座猛起，有失体面和礼貌。无论在什么场合，切忌两腿分开，特别是穿短裙时，以免使人尴尬，给人轻浮的感觉。

　　女人的姿态会直接影响到自己的气质和气场。如果没有认识到仪态的重要性,那么很难优雅地老去。岁月从不败美人,真正"仪态好"的女人,年纪越大,越显优雅,当然,要做到这一点,需要平时点滴的积累与长期的训练。

❋ 一颦一笑皆动人 ❋

生活中,虽然不少女人面容保养得较好,但第一眼看到她,你往往会猜错她的年龄,并且会多猜三五岁,为什么会这样呢?因为她的神态给出了参考答案。

女人,那个神秘而又迷人的生物。她们的一颦一笑都能让人心神荡漾,仿佛置身于一个充满魔力的世界。你或许会认为一颦是微小的,但对于女人来说,它却有着巨大的力量。当她们皱起眉头的时候,整个世界仿佛都会为之停滞,你不禁想要知道她们在想什么。也许她们在思考宇宙的奥秘,又或者只是在考虑晚餐吃什么。无论如何,女人的一颦一笑总是能够引起我们的好奇。

如果一个女人整天面部绷紧,不但会影响仪态的美感,而且显老。的确,如果眼睛无神、浑浊不纯,面部僵硬,毫无表情,甚至冷若冰霜,那整个脸部肌肉就会向下走,故而显出一种老态。你会发现,喜欢笑和性格开朗的女人,她们的眼神和神态都令人愉悦,嘴角上扬,这种人往往比实际年龄看起来至少年轻五六岁。

那么时常保持怎样的神态,才能让自己看上去更端庄、年轻,又有亲和力呢?关键要把握两点:一是迷人的微笑;二是灵动的眼神。

练出迷人的微笑

一个女人如果想让自己看起来很美，那么微笑是少不了的。女人的笑让人心醉神迷。她们的笑容如同春风般温暖，能够瞬间融化你的心。有时候，她们的笑容还能传染给你，让你也不由自主地露出傻傻的笑脸。女人的笑声仿佛是一首优美的乐曲，让人陶醉其中。无论是开怀大笑还是轻轻一笑，笑容总是能够给人带来快乐和幸福。

在社交场合，淡淡的微笑胜过任何名贵的饰品。女性的微笑和她们的眼泪一样，具有让男人无法抵挡的杀伤力。《诗经》里以一句"巧笑倩兮，美目盼兮"描绘出了女人笑容的最高境界，这就是"回眸一笑百媚生，六宫粉黛无颜色"的原因。

世界名模辛迪·克劳馥曾说过："女人出门时若忘了化妆，最好的补救方法便是亮出你的微笑。"微笑是女人的制胜武器，微笑着的女人是阳光的、自信的、成熟的，更是快乐的、幸福的……所以，女人要学会微笑。

那么怎样才能练出迷人的微笑呢？

● **放松肌肉**。微笑练习的第一阶段就是放松嘴唇周围的肌肉，又名"哆来咪练习"。练习是从低音"do"开始，到高音"do"，每个音都大声地、清楚地唱三次。不是连着练，而要逐个发音，为使发音正确，应特别注意唇形。

● **让嘴唇肌肉增加弹性**。嘴角是练习微笑时最关键的部位，经常锻炼嘴唇周围的肌肉，可使嘴角的动作变得更好看，还能防止皱纹。现在，请把背部挺直，端坐在一面镜子前，最大限度地伸张或收缩嘴部肌肉，并反复练习：张大嘴巴，使嘴巴周围的肌肉伸张到最大限度，并持续10秒；闭上嘴，把两侧的嘴角拉紧，并持续10秒；使嘴角在紧张的状态下，慢慢聚拢嘴唇。当感觉卷起来的嘴唇聚拢在一起时，持续10秒。反复练习这套动作三次。

还有一种训练唇肌的方法，就是用门牙轻轻地咬住横着的木筷子。用嘴角对准木筷子，两边都要翘起，观察连接嘴唇两端的线是否跟木筷子在同一水平线上，并保持5分钟。

● **形成微笑。**在放松的状态下，按照大小练习笑容的过程，练习的核心是使嘴角上升的程度相同。如果嘴角歪斜，表情自然不雅观。在练习各种笑容的过程中，找到最适合自己的微笑。

小微笑：把嘴角两端同时向上提，给人一种上嘴唇往上拉的紧张感，稍微露出2颗门牙。持续10秒后，恢复原先的状态且放松。

正常微笑：使肌肉逐渐紧张起来，把嘴角两端同时向上提，给上嘴唇往上拉的紧张感，露出上牙6颗左右，眼睛也要微笑。持续10秒后，恢复原先的状态且放松。

大笑：一边拉紧肌肉，使之强烈地紧张起来，一边把嘴角两端同时向上提，上牙露出10颗左右，也略微露出下牙。持续10秒后，恢复原先的状态且放松。

流露灵动的眼神

女人的灵动不仅体现在她们的一颦一笑上，她们的眼神、举手投足，无一不透露出她们的灵动。她们的眼神能够让你感受到她们内心的世界，仿佛能够读懂她们的每一个心思。她们的举手投足则展现出优雅和魅力，让人不禁为之倾倒。

眼神作为一种无声语言，往往可以表达出比有声语言更难以表达的意义和情感，因此，女人要用好自己的眼神。热情洋溢的眼神表达友好和善意，表示认同别人、赞美别人；轻蔑、傲慢的眼神意味着拒人于千里之外，一般人难以接近。可以说，眼神传递的内容就是两个人信息和情感的传达。

第三章 三分靠"颜"色，七分靠"态"度

那么如何才能拥有灵动的眼神呢？有三个方法。

● **做聚焦练习**。先准备一张纸，在纸上画一个小黑点，然后双眼聚焦，盯着这个小黑点。目的是什么呢？是使眼神聚焦，长期练习可以让眼睛变得有神。很多职业演员、主持人，都会用这样的方式来练习眼神的聚焦。长此以往，你就会发现眼睛变得有神了。

● **做运目练习**。也就是眼睛的运动练习。这个方法非常简单，取一张纸，在上面画一个十几厘米长的箭头，然后以这个箭头为半径，让眼球画圆。或者在面前找一个大方形，让视线按照一定的方向运动，在这个过程中保持头部静止。这就是简单的运目练习，它可以练习我们眼睛的灵动性。

● **眉目传情**。这个练习的重点在于眼睛和眉毛一起运动，进而将柔媚的目光，从微侧面抛出。眉毛的运动训练很容易被忽视，不妨在家多做提眉训练：眉毛稍稍抬起，再放松。抬起来的时候不用太用力，自然抬起就好。每次训练 30 次，坚持几周就能见效。

总而言之，优雅女人的一颦一笑都是那么灵动。她们的微笑能够温暖你的心灵，她们的眼神能够触动你的情感，她们的灵动让她们成为这个世界上最美丽的存在。因此，在生活中，要学会做一个有"态"的女人，运用得体的表情、眼神等与人进行无言的沟通。

❋ 春风化雨，润物柔声 ❋

　　说话是女人的第二张名片，人生的际遇好坏，很多时候都与你会不会说话有关，一个会说话的女人，才是真正有教养的女人。

　　有人可能会产生疑问："要会说话？我成天都在说话，说了几十年的话了，难道我还不会说话？"其实不然，不是所有人都认真地考虑过自己是否会说话，更不是所有人真的都善于说话的，男人如此，女人也如此。

　　张韶涵在人生处于低谷时，面对一群记者，除了把眼泪憋在眼里，什么话也说不出来。10 年后，复出的她却有足够的底气面对任何问题。有人曾问她："你怎么总给自己贴上励志的标签？"她笑着说："我不是刻意励志，因为我天生励志。"

　　也有人问她："你是因为性格原因，在娱乐圈朋友很少吗？"她说："很多人觉得我在娱乐圈的朋友少，其实不是我朋友少，是我对朋友的定义不一样，虽然朋友多了路好走，但我也不需要朋友给我修路，因为我有翅膀。"

　　一个人说什么样的话就走什么样的路，从细微之处见人品，从言语之间看格局，不是说话声音越大，地位就越高，不是地位越高就可以说得越多，不是说得越多就越有价值。女人的气质在她开口说话的瞬间，便能让人一览无余。

在生活中，大部分女人都比男人更爱说话，有的女人更是控制不住自己表达的欲望，说起话来，不是嗓门大，就是像打机枪。殊不知，在自己淋漓酣畅倾诉的同时，却丢了优雅。

女人一定要学会优雅的表达，这样不但会体现自己的文化素质和品行修养，也能提升个人的形象，让自己的语言更有感染力。何乐而不为呢？

培养受人欢迎的语调

语调能反映出一个人说话时的内心世界、情感和态度。当一个人生气、惊愕、怀疑、激动时，所表现出的语调也不一样。从一个人的语调中，可以感知她是一个诚实、自信、幽默、可亲可敬的人，还是一个呆板保守、优柔寡断、阿谀奉承的人。因此，不管谈论什么话题，都应保持说话的语调与所谈及的内容相协调，并能恰当地表明你对某一话题的态度。

注意发音的准确性

正确而恰当地发音，有助于你准确地表达自己的思想，与人进行良好的沟通与交流。如果说话声音刺耳，并且含糊不清，这说明你思路紊乱、观点不清，或是带有某种不良情绪，会让人感到极不自然，并对你产生一种抵触心理。

控制说话的音量

在一些场合大声说话，会使对方产生压迫感，心情紧张，从而导致对方注意力不集中。通常，音量以对方听见为宜，电话中还要略低一些。如果是发泄情绪，一定要注意控制好分贝。不要因为自己的怒火就冲别人大吼大叫，这是不礼貌的。

有这样一个故事：一位女士去面试，在路上不小心被一个人撞了，那个人把她的简历撞掉在地上，然后她就特别情绪化，冲着那个撞倒他的人大吼大叫，最后带着不好的情绪去面试。碰巧的是撞倒她的那个人是公司的面试官。面试官认为，这位女士情绪不稳定，不适合公司的相关职位，于是没有给她机会。其实这位女士能力很强，只是平时养成了说话大嗓门的习惯，时常让人避之不及。由此可见，必要时候控制说话的分贝也是非常重要的。

注意表达的语速

当你在和别人交谈时，选择合适的语速十分重要。语速太快如同音调过高一样，给人以紧张和焦虑之感，以至于某些词语含糊不清，对方就无法听懂你所说的内容。如果语速太慢，又会令人逐渐丧失耐心，有焦躁沉闷之感。会说话的女人，不会让自己的舌头抢先于思考，而是会掌控好语速，分辨在当下的场景中，什么时候要急说，什么时候要慢说，什么时候要不紧不慢地说。

避免使用鼻音

在日常生活中，我们经常听到"哼""嗯"之类的发音，这就是典型的鼻音。说话时过多地使用鼻音，会让人产生抵触心理，因为这种声音容易被理解为是"不耐烦""拒绝""敷衍"等。所以，要尽可能避免使用鼻音。

注意优化口头禅

就像每个人都有习惯动作一样，几乎每个人都有自己的口头禅。它在不知不觉中，已构成所谓个人形象的一部分，甚至是重要的一部分。语言的风格是个人文化素养的体现，挂在嘴边的口头禅所属的语言风格，会让人很自然地把你与这种气质联系到一起："谢谢""对不起"等礼貌、有教养的词语会让人感觉你举止文雅、素质高。夹杂着"说实话""坦率地讲"等短语的说话者很容易取得别人的信任。如果总是将"无聊""没劲"等挂在嘴边，会让人感到你的消极与不自信，甚至是颓废。而开口便脏话连篇，很容易让人联想到你的人品与教养不好。所以，平时一定要注意自己的口头禅，不可因小失大。

女人优雅的声音就像一种美妙的音乐，令人神往。假如只注重化妆打扮，而不懂得修饰声音，往往会使"凤凰"变"乌鸦"。失去声音的魅力，如同失去女性的特质。因此，呼吁所有的女性朋友，从现在起，要像训练形体一样去训练自己的声音，培养良好的语态。

比智商更高的是情商

为什么拥有同样的颜值,她神采飞扬,你却精神委顿?为什么身处同样的环境,她人见人爱,你却没有存在感?为什么拥有同样优秀的丈夫,她幸福美满,你却牢骚满腹。

因为情商!

"情商"最早是由心理学家比德·拉勒维与约翰·麦耶在1990年提出的。情商的英文缩写是EQ(Emotional Quotient),它代表的是一个人的情绪智力(Emotional Intelligence)。主要是指人在情绪、情感、意志、耐受等方面的品质,包括抑制冲动,延迟的克制力,以及如何调适自己的情绪,如何设身处地地为别人着想、感受别人感受的能力等。

情商不仅是智商的补充,也是一种让我们更加机智、灵活和有趣的能力。所以,成为一个高情商的女人不仅可以让你在人际关系中游刃有余,还能让你成为一位迷人的女神!

如果说智商高的女人学历高,那么情商高的女人的最大特点就是情绪稳定。智商衡量的是一个人的认知能力、思维能力、观察能力、计算能力、律动能力等,它主要表现的是人的理性思维能力,而情商反映的是一个人感受、理解、运用、表达、控制和调节自己情感的能力,以及处理自己与他人之间情感关系的能力。对于女人来说，情商非常重要。

那么如何做一个高情商的优雅女人呢？

要正确认识自我

一个人总有某些连自己也看不清楚的个性，高情商者常常自我反省，从不同的角度了解、认识自己，客观地评价自己。所以，这样的人从不孤傲，总是能与身边的人融洽相处。一个情商高的女人，会很清醒地看到自己的优点和缺点，既不会因为自己外表漂亮而自傲，也不会因为自己在某方面不如人而自卑。

能妥善管理情绪

每个人都有情绪，如果情绪随着境遇作相应的波动，是正常又合乎人性的。如果情绪太极端化，或持续地僵化，而你又不能有效地掌握和调节，便会被情绪所困扰，从而容易成为一个很情绪化的人。

高情商的女人善于控制自己的情绪，能抑制冲动，及时化解和排除不良情绪，使自己始终保持良好的心境。比如，一个高情商的女孩遭受了失恋的打击，她理性地调控自己的情绪，便能使自己尽快走出悲伤。

有自我调控的能力

女人比较感性，有时小情绪说来就来，特别是遇到不顺心的事，爱发小脾气。一个高情商的女人，能够安抚自己的情绪，不会让自己总是沉浸在负能量中，对身边的人有诸多抱怨。她们善于把自己的思路和言谈都引导到振奋人心的、积极向上的观念上去。如果一个女人不懂得控制自己的情绪，不仅会让自己活得很累，还会带给周围的人困扰。

毫不夸张地说，高情商会让女人获得甜蜜的爱情与幸福的婚姻，让女人生活得更成熟、更优雅、更精致。

❋ 比海更宽广的是人的胸怀 ❋

温暖、善良和慷慨的心灵是女人难以被抗拒的魅力所在。

在工作生活中,人们都喜欢与有胸怀的人交往。胸怀是一种胸纳百川、心怀日月的气概,也是一种从容大方、遇事不计较的雅量。有胸怀的女人,不是大大咧咧,也不是不拘小节,而是充满着阳光之气,即便不是美貌如花,也会让人觉得颇为可爱。

一个女人真正的美,在于胸襟和格局。女人的胸怀大小决定着其一生幸福与否。当然,能够做到有容乃大、遇事一笑置之的女人并不多。一旦有,她必不是一个寻常的女人。

一个有胸怀的女人会关心他人的需求,愿意帮助他人,并且有能力解决问题。她们不会只关注自己的外表,而是会更注重内在的品质。

有一位女士,年过40,脾气一点没改。虽然老公对她情深义重,但她从来都不让着老公。人们对她的评价是:"她心地善良,就是凡事太爱计较了。"平时,她说话爱夹枪带棒,一遇到点小事就发脾气,在工作中也经常与同事争来争去,分毫不让。虽然工作能力很强,人也很正直,但就是没什么人缘儿。

在生活中,有很多女人都像这位女士一样,表面上看是人缘有问题,其实都是心态惹的祸。《了凡四训》中说:"人之所以执着,就是因为不懂真相，不懂计较无用，不懂得放下才能获得。"不少女性习惯于争强好胜、咄咄逼人，在她们心中对方做的事情不让自己满意，就应该争个胜负输赢。然而，人生不是战场，有些东西也不必要去拼个你死我活。一味地计较，最终不仅无法让自己获得太多，甚至还会让自己失去更珍贵的东西。

真正聪明睿智的女人，在人生的舞台上始终会摆正自己的姿态，从容、洒脱地做自己，她们放飞自我的秘籍就是做到"四心"。

"宽"心

对于已经发生的事情，即使再不顺心，该放也要放下，不较真。朋友们已经结伴到那家餐厅吃饭了，却没有邀请你，你不用计较，你要庆幸自己终于有机会独自享受一下孤独了。你劝爱人去检查身体，对方不听，有一天突然倒下了，这时候你只需全力帮他治疗，而不必再痛心纠结于"谁让你不听我的话"。领导让你去接人，但是高铁晚点，迟迟不见人来，与其说"烦死了，为什么要让我来"，不如趁机逛逛书店。能过去的就让它过去吧，既往不咎向前看。

"开"心

这里的"开"心可不是指高兴，而是指开放的心态。在生活与工作中，要始终保持开放的心态，接受事物的多样性，而不苛求事事如意。允许自己因为经验不足而丢掉一个订单，允许别人的谈吐不怎么温馨得体，允许上司的朝令夕改，允许爱人的想法天马行空，允许事与愿违……"心平"然后"气和"，打开心扉，自然开心。因为我们节省了很多纠结于"怎么会这样，而不是那样"的心理能量，从而获得了内在的拓展。

"放"心

平时，我们习惯将喜欢的人、在乎的人纳入自我的范畴，"既然爱我，有些事情你就不该隐瞒我"。相较之下，有胸怀的女人不会过分依赖亲密关系,她们在充分享受亲密的同时,也能享受自我的空间。比如,老公外出应酬晚归,她不会多心猜疑,生闷气、闹冷战,而是安心等他回家,给他一个拥抱,甚至听他倾诉,与他分享。

"谈"心

女人不仅要知道哪些事不值得计较,还要知道怎么去"计较"她们认为重要的事。你可以说"我觉得很生气"但不必摔桌子、砸板凳;也可以说"你这么晚回来,我很担心,也很委屈",而不是用冷战来惩罚对方;你还可以问同事"我有些纳闷,你们刚才在讨论什么",而不必心存芥蒂,一脸的不悦与狐疑。多谈谈自己的感受,说出自己的情绪,好好沟通。

当然了,胸怀也是女人在职场上取得成功的关键。虽然外貌可以在一开始给予女人一些优势,但是长期来看,只有内在的品质才能真正让女人脱颖而出。一个有胸怀的女人会在工作中展现出智慧和领导才能,她们会关心团队的发展,并且愿意与同事们分享知识和经验。

第二部分 健康的体魄

第四章

健康这件事，必须亲自来

测测你的身体年龄

为什么有人年纪很大，身体却十分年轻，而有些人年龄很小，身体却像个老古董？因为身体年龄与社会年龄不相符。

不相符？先不要急着惊讶。其实，每个人都有两个年龄，一个社会年龄，一个身体年龄。很多时候，这两个年龄是不相等的，这也是为什么有些人看上去显老，有些人看上去显年轻的一个重要原因。

那么如何才能知道自己身体的年龄呢？你可能会说"我一眼就能看出来啊"，要知道，外表可是个大忽悠，有些女性看着年轻，关节却可能像个60岁的大妈，有些女性实际年龄较大，但皮肤却很嫩，所以，凭借外表来判断身体年龄可不靠谱。

在测试自己身体年龄前，先了解两个与之相关的问题。

为什么社会年龄与身体年龄不相符

一个人的身体年龄和登记年龄有着本质区别，登记年龄也就是社会年龄，是从你出生的日期开始计算的，而身体年龄才是你真正实际的身体品质的呈现。无论你的社会年龄是多少，如果你的生理机能一直保持在充沛活力的状态下，你就可以终身享用年轻，而衰老只是在生命最后的日子里出现。

可能由于健康问题，有的人在3岁时就有局部器官提前衰老的状态，例如眼睛不好。当然，也有很多 70 岁的老人，他们的肠道、心脏功能依然很强，完全像 50 多岁的人。所以说，一个人的实际年龄与身体年龄并不一定是相吻合的。

一个人的大半生都会处于衰老的状态，而且我们一眼就能看出这是青年人，这是中年人，这是老年人，这是为什么呢？因为他的身体年龄。

女性普遍对年龄比较敏感，但很多时候，即便别人不问，自己不说，年龄也是藏不住的，因为身体会"出卖"你。有的女人 50 岁，拥有 30 岁人的身体；有的女人 30 岁，却拥有 50 岁人的身体。身体年龄偏大，不是肌肤保养或是妆容的问题，而是长期不健康的生活方式导致身体衰老速度加快。

所以，要让自己的身体年轻，就要减缓其衰老的速度，这也是很多中年女性能逆生长，甚至看上去依然富有少女感，洋溢着朝气的根本原因。

为什么衰老的速度有快有慢

在自然界中，除了人，其他的物种都不容易区分年龄，老虎、牛、狗、豹子、羊等在衰老的时候与年轻的时候，身体上的细胞活力都差不多。在动物园里，你很难区分出哪一头豹子是中年的，哪一头又是年轻的。那么为什么人的年龄很容易被区分呢？

整体自然疗法认为，人体的衰老与疾病来自多个因素。如压力积累、营养失衡、毒素累积、机体衰老，以及环境因素等。其中既有生理性因素，也有病理性因素。生理性的衰老就是成熟以后，出现生理性的退化。病理性的衰老就是由于各种外来的因素，包括各种疾病导致的老年性变化。两种情况实际上很难区别，因为衰老是许多病理、生理以及心理因素综合作用的必然结果，是人体生长发育最后阶段的生物学心理过程。

我们虽然不能够避免衰老，但是可以延缓衰老，让身体长期保持年轻态、健康态，从而提升生命质量，延长寿命。如果身体衰老速度过快，刚到中年就很可能会出现无力、疲惫疲倦、色斑、憔悴、病痛、肌肉松弛、缺乏活力等问题。这在无形中会增加身体年龄，甚至让我们过早地显出老态。

接下来，让我们来测一测自己的身体年龄。怎么测试呢？这里介绍一个简单的身体年龄测试方法。

先找一张纸，写下你的实际年龄。然后逐项测试，并将所得分数累加。最后便可以知道自己大概的身体年龄。

脑力测试：以8为间隔，从150向后倒数（150减8，得出的数再减8，依此类推）。40岁以下的人，花的时间不应超过30秒，40～60岁的人，耗时不应该超过50秒。如果你所用的时间少于上面的数字，那么身体年龄减2岁，超出则加2岁。

皮肤测试：手心朝上平放于桌面，用力捏起手背的皮肤，保持1分钟，然后放开。观察一下，皮肤需要多久才能恢复正常的颜色。如果耗时不超过1秒，身体年龄减3岁；1～2秒，不加也不减；3～4秒，加1岁；5～10秒，加2岁；11～30秒，加3岁。

肺部测试：取一个气球，先做深呼吸，再用力吹气球，看能吹多大。如果气球的宽度在11厘米以下，加4岁；11～14厘米，加3岁；14～18厘米，加2岁；超过18厘米，减2岁。

心脏测试：测量你的最大臀围和最小腰围，然后计算最小腰围和最大臀围比。比值小于0.7，减1岁；介于0.85与1之间，加3岁；超过1，加5岁。

肌肉测试：一只脚站立，另一条腿在膝盖处弯向臀部，双手按在臀部，闭上眼睛，看自己能保持多长时间的平衡。如果能保持1分钟，减3岁；30秒，减1岁；只能坚持几秒，加2岁。

听力测试：选择一档电台节目，将音量调至平时的1/4，然后坐在距收音机2米的地方听，如果听不清楚，加4岁；如果只能听清背景音乐或个别词句，加3岁；大概知道节目的内容，加1岁；完全没障碍，减2岁。

眼睛测试：拿一份报纸，先让它靠近面部，然后慢慢向远处移动，当报纸的字迹变模糊时，计算一下它离眼睛的大概距离。如果小于15厘米，不加也不减；16～30厘米，加1岁；31～60厘米，加2岁；61～80厘米，加3岁；超过80厘米，加4岁。

牙齿测试：如果有口臭、牙龈出血等现象，加3岁；经常性口臭，加2岁。

至此，测试完毕。现在，综合计算各项测试所得分数，并将其与实际年龄相加，得出的结果就是你大概的身体年龄。如果它小于实际年龄，那祝贺你，你看上去应该很年轻，身体状态也很好，要继续加油哦；如果它大于实际年龄，那你就要小心了，要多为健康做出一些改变。

在知道了自己的身体年龄后,该如何给身体年龄做减法呢?要把握好三个关键。

- 保持良好的食欲,对食物有强烈的渴望。老祖宗说,能吃是福就是这个道理。
- 充满好奇,时刻愿意尝试新的事物,而不是对这个没兴趣,对那个没兴趣。
- 保持进取精神,强烈的好奇心、好胜心和企图心。

为什么要这么做?因为这三个关键符合自然界衡量年轻的三种能力,它们分别为:获取食物的能力、繁衍的能力、战斗并保护自己的能力。

不管现在你的身体年龄是多少岁,哪些器官出现了衰老,或者有哪些慢性病,都不要过分焦虑,想着如何去治疗。我们需要的不是治疗疾病,也不是对抗衰老,而是通过改变外界的各种条件、各种习性,创造让身体能够重新获得最佳状态所需要的条件。创造条件,使身体逐步迈向年轻和最佳状态。只要外部条件慢慢变好,内部的状况就会变好。否则,我们的一些不良行为或习惯会不断地为疾病与衰老创造条件。

在生活中,如果经常与医生"合作",使用各种药物来抑制疾病和衰老,那只会摧残我们的身体,换来的只是一时的安慰和安全感。真相是:我们连敌人是谁都没看清楚,就用炸弹乱轰一通,从而加剧了身体衰老和疾病生成的速度。也可以说,衰老的开始是从你忘了爱惜自己开始的!

从现在起,根据自己的情况,拟定一份"年轻计划"吧。它可以是一个康复计划，也可以是一份行动纲领。当然，要保证计划的科学性，遵循自然规律。只要计划合理，执行力强，你也可用180天的时间使自己更加年轻。拥有良好的身体状态，不但可以有效摆脱疲倦、亚健康等，还能提升身体的自我修复能力，拥有更年轻和旺盛的生命力。

算算你欠身体多少蛋白质

现在生活条件越来越好，无论是身边，还是大街上，你随时都能揪出一个胖子来，有时甚至是一堆，你能说他们营养过剩吗？当然不能。其实，肥胖不全是营养过剩所致，有些营养的缺乏也给肥胖创造条件，比如蛋白质。

蛋白质是组成人体一切细胞、组织的重要成分。其主要作用包括构成人体组织、提供能量、参与物质代谢、参与物质转运、促进生长发育、调节机体渗透压、调节免疫功能等。

每天，人体大约需要从食物中获取 80 克蛋白质，才能够确保基本的生理需求。每天身体要为各种荷尔蒙酵素的制造和代谢失去约 300 克蛋白质，其中 220 克会通过肾脏回收，其余的 80 克必须通过额外食物的补充。

如果你长时间处于紧张、焦虑、压力状态下，肾上腺激素分泌会增加，交感神经会兴奋，肾脏回收蛋白质的能力会大幅下降，也就是没有能力收回 220 克蛋白质，同时尿蛋白又会增加。很多医生因此会误认为是肾功能衰竭。由于回收的蛋白质不够 220 克，那需要补充的蛋白质就会增加，但是，医生却认为你尿蛋白增加了，不能够再补充蛋白质了，所以许多人年纪轻轻就被误判为肾功能衰竭、肾萎缩、尿毒症。如今，很多人都有定期体检的习惯，甚至有的人身体稍不舒服，就会去体检，一旦检测出尿蛋白过高，就会怀疑是不是患了上述疾病。其实，很多都与肾脏无关，而是由持续的不安引起的。

既然身体容易缺蛋白质，现在，我们就来详细算一下，看看我们身体到底缺多少。二两肉含 25 克蛋白质，一个鸡蛋含 3 克蛋白质，一杯牛奶含 2.5 克蛋白质，另外，我们吃的米饭、豆类等为不完全蛋白，缺少一种必需氨基酸，再就是蔬菜水果中只含有极微量的蛋白质。

如果靠吃鸡蛋补充蛋白质，要每天吃 30 个，如果靠吃肉补充，每天要吃 500 克肉。平时，应该很少有人一天会吃这么多肉或鸡蛋，也不可能吃得下。假设一天缺 10 克，一年就是 3650 多克，十年就是 36500 克。这样算下来，你会不会很吃惊？

我们的身体长期缺蛋白质，身体就会表现出相应的症状，比如，免疫力下降，皮肤、肌肉松弛，容易疲劳、便秘、消化不良、掉头发，甚至失眠等。比如，有的女性皮肤松弛，为了让它变得紧致一些，会选用一些美容产品，结果都不见效，为什么？因为身体缺蛋白质，你在外面怎么涂抹，它也不可能长出蛋白质呀。

打个比方，原本皮肤每 28 天"更新"一次，现在，蛋白质供应跟不上，变成 40 天"更新"一次，皮肤就会变得粗糙、暗沉，没有光泽，没有弹性。

其实何止脸部，整个身体都会因为长期蛋白质摄入不足，而变成人人喊"拆"的危房和"违章建筑"。谁见了都要绕路走，因为不知道这"危房"什么时候会倒塌！你的骨头、血管、神经、肌肉、内脏，其实"倒塌"哪里都不稀奇，捏捏你的前胸、后背、腰、手臂，再全裸地在镜子面前看看自己，看看冒着生命危险长大，成为"违章建筑"的你已经多久了？30 年？40 年？还是 50 年？如果你无法短期内把欠缺的一股脑儿补回去,只能是一路缺下去!

既然是长期欠的债,那就一定要不断还上,怎么还呢?制订一个"还债计划",这个计划要有诚心,要有耐心,还要有决心。

在以往的教学中,我曾提出一个计划叫作"旧城改造"。对很多人来说,身体其实缺的不只是蛋白质,还有很多,如优质脂肪、好的胆固醇、卵磷脂、维生素、矿物质等。这些都需要全方位地、持续地、充足地补充,不只是身体刚刚够用就好,多出来的可以先储存下来。

有学员会问:"营养过剩了,体重岂不是会增加?"

我说:"体重增加一点怕什么!小而重的铅球和大而轻的气球,你愿选哪个?宁要健康的丰满,也不要不健康的瘦。刚长重一点,不要想着去减肥,或者说你根本没有资格去减肥,因为你还没到那个阶段,当你慢慢地建立了身体对你的信任时,它就知道这个身体'富裕'了,不需要再储存了,它就会把多余的释放掉。所以,健康了就不胖不瘦。"

可以说,身体苦了20年、30年、40年,近乎带着泪,挣扎着维持你的身体平衡,在弱的情况下,它只能维持弱的平衡,以免更大的冲击和消耗危及你的生命,所以努力把你变成现在的样子。直到有一天太阳升起,主人觉醒,高能量食物的来源得到改善。

可是,这一等就是20年、30年,甚至更久。因此,我提出了一个"旧城改造"计划,感召我的学员拿出七年时间来重建身体这个家园,让那些"废品"换成"正品",让自己由内而外散发出迷人的气息。

在生活中,没有人不期待与一个完整的、新鲜的人成为朋友。诚实地面对,不要对自己撒谎,"爱自己"不是一句口号,每一天优待你的生命,善待你的每一餐,祝福你的每一次新的旅程。这里,祝大家早日"旧城改造"成功,早日"还债"成功。

身体长期缺蛋白质，会形成一种随时被打破的弱平衡，在这种平衡状态下，身体的免疫力、反应、自我修复能力、感知力、气场等都是弱的，叫脆弱。所以从现在起，每天尽量增加对身体的支持，对身体蛋白质摄取的支持，因为我们欠得太久、太多。

蛋白质决定体质！

✺ 不要再谈"油"色变 ✺

不知从什么时候开始，人们开始谈油色变，老年人把它视为"三高"的元凶，爱美的女性把它当成长胖的罪魁祸首。油真的有这么可怕吗？

了解机械的人知道，为了防止部件老化、磨损，需要不定期地加润滑油。人体的生命活动等同机械活动，需要油的润滑，如果没有油的润滑，磨损就大，使用寿命就会大大缩短。

很多女性皮肤干涩，头发干枯，每天掉很多头皮屑，用了很多洗发水都不管用，这是为什么呢？因为缺油。不缺油的女人，即使到了50岁，皮肤摸上去也像丝绸一般。当你身体的每一个部位都有油来保护，怎么会快速衰老？你看，擦皮鞋擦用的是什么？不是油吗？皮鞋是什么？皮鞋就是牛皮、猪皮，牛皮是什么东西？蛋白质，其结构跟人一样，只要是纯天然的东西，你要保护，就离不开油。

除了润滑、护肤作用外，油对我们的健康至关重要。油吃多了，我们担心长胖、患心血管病，这种顾虑可以理解，但是我们必须正视一点，那就是油少了，也会给健康带来风险。

比如，身体缺油可能会导致皮肤会变差，容易长痘、起斑。再如，有些人经常是黑眼圈，给人的感觉是熬夜造成的，其实可能也是由于缺油导致的。

还有一点非常重要，那就是油会影响身体的衰老速度。听上去是不是有点不可思议？确实，缺油的人通常老得快，缺油的人显得干瘪，缺油的女人一定不性感，因为油是构成荷尔蒙的原材料。只有油才能锁得住水分，没有油的保护，水分很快蒸发掉，心血管没有油的保护，很容易干裂和硬化。可以说，女性的很多健康问题、衰老问题、疾病问题基本上都是缺油造成的。

当然了，不能说身体缺油，就疯狂地为身体"加油"，有些油对身体有益，有些油对身体有害。对身体危害较大的是氢化植物油，也叫人工油脂，比如植脂末、代可可脂、人造奶油等。氢化后的植物油不仅没有多少营养价值，而且对健康有害，很容易引发一些心血管疾病。再就是一些劣质的桶装油一定要少吃，或者索性不吃。

这里需要特别说明一点，很多人对猪油有误解，认为这种油要少吃。其实，适量摄入猪油对人体健康是有益的。猪油中含有很多对人体有益的脂肪酸等。在生活中，除了猪油，优质的脂肪来源并不多，在很多上了年纪的人的记忆中，小时候只有逢年过节，才能吃上几顿猪肉。

那么哪些油对身体有益，应该多吃呢？

常见的有橄榄油、亚麻籽油、核桃油、小麦胚芽油、水飞蓟籽油、沙棘油、火麻油、榛子油、月见草油、深海鱼油、猪油、南瓜籽油等。

长期食用上述这些优质的油，可避免 80% 的各种疾病。食用好的油，才可能拥有好的血管、好的心脏，才不会经常担心高血压、心脏病、糖尿病、高胆固醇、脂肪肝。

特别是对于爱美的女性，食好优质的油，可以从根本上美颜护肤，效果远比使用化妆品好。为什么这么说呢？在大街上，你经常会发现，很多女性年纪不大，皮肤却不怎么好，不是长斑就是起痘，只能通过化妆品来掩盖，可是却治标不治本。

要知道，皮肤不好的主要原因是缺油和缺蛋白质，以及体内脂溶性毒素太多。长期吃低质的油，或是经常点外卖，就没有办法"加"到优质的油，从而影响油脂的溶解和排除，以及身体的新陈代谢，如此怎么会让皮肤变得越来越好呢？

所以，要想拥有丝滑的皮肤，一定要懂得"加油"。现在就推荐几个小妙招吧。

- 在每天的营养早餐中，加入各种健康的有机小分子油。除此之外，也可以在汤中倒入一小勺油。坚持一段时间，你可能会看到皮肤变得更丝滑、白净了，而且斑也淡化了，或者干脆不见了，让"斑"下班。
- 用米糠油卸妆，用阿甘油按摩，用葡萄籽油洗脸，用橄榄油、椰子油做 SPA……从现在起，坚持一周一次，你很快就会看到惊人的变化。在这方面，很多所谓的营养师鲜有基本的认知，更别说运用了。
- 将辣椒加到油里浸泡，做成辣椒油，适当多吃一些辣椒油，可以促进淋巴循环，从而实现快速排毒，让皮肤变得更白嫩。
- 把油放入清晨的第一杯水里，搅拌一下，变成一杯更优质的排毒水、营养水。

从现在起，我们每天不但要补水，也要学会补油，不要再片面地认为，少油少盐才是健康。我们身体的每一个细胞都离不开油，让身体摄取足够的优质脂肪、优质油，可以让你越活越年轻、越活越漂亮。

为什么脾气越来越暴躁

在生活中,很多人玻璃心,或者脾气不太好,经常莫名其妙地生气,还有人一直生活在焦虑中。与其说这与性格有关,不如说是缺少维生素 B 族。英国科学家曾做过一个调查:一些好脾气的人,平时表现得很绅士、很淑女,如果连续一个多月不给他们提供含有维生素 B 族的食物,会发现他们的脾气越来越大,有的会非常暴躁,甚至有暴力倾向。

与此同时,这些科学家还做了一个实验:连续三个月给监狱里面一些凶神恶煞的犯人补充足够量的维生素 B 族。三个月之后,他们当中很多人就不再有想越狱的念头,性格似乎也变得非常谦卑、温和,也表现出愿意与人合作的态度。

另外,这些科学家还发现:与醉驾相比,缺乏维生素 B 族更易造成交通事故。所有这些实验结果说明了什么?说明维生素 B 族对健康、情绪、心理等有着重要影响。

具体来说,缺乏维生素 B 族,会给我们造成如下一些影响。

让人变得焦虑不安

长期缺少维生素 B 族,人容易变得焦虑、忧虑,甚至是抑郁,对各种噪声、刺激、压力的承受能力会降低,严重的还会引起神经质、神经炎症等。

打个比方，在一些公共场合，如果有人在大声打电话，或是有个小孩子在大声哭闹，对此，有的人可以忍受，显得很冷静，而有些人一秒也忍受不了，甚至有上前指责的冲动。这时，你不要简单地认为，这个人性格急躁，或是脾气不太好，他很可能是长期缺维生素 B 族。通常维生素 B 族很充足的人，情绪较稳定。

再如，很多人年纪越大，脾气越暴躁，身边人普遍会说："他原来脾气很好，怎么越老越像小孩子。"这可能是因为身体随着年龄的增长，维生素 B 族缺得太厉害。

这给我们带来一个启示：在生活中，如果你一直处于紧张状态，压力较大，比如，生一场大病，或是为某件事情感到焦虑，或是工作压力较大，抑或是受到了某种精神打击，这时，在自我调整的同时，不妨多补充一些天然维生素 B 族。

影响身体的新陈代谢

维生素 B 族是一种重要的营养素，包括维生素 B_1、B_2、B_3、B_5、B_6 和 B_9 等。缺乏维生素 B 族可能会影响身体的正常运转，包括影响神经系统、消化系统、免疫系统等。维生素 B 族与糖、蛋白质、脂肪的代谢密切相关。在缺乏维生素 B 族的情况下，蛋白质的利用率，以及糖类的代谢和转换都会下降，而且还容易产生丙酮酸、乳酸的沉积，从而影响心脏的功能及脂肪的代谢、利用，比如，心情比较压抑、肠胃蠕动能力下降、消化功能减退、容易产生便秘等。

容易患脚气病

从营养学的角度看，维生素 B 族的缺乏还会导致脚气病。很多人不知道什么是脚气病，以为脚丫子烂了、痒了才叫脚气病。其实不然，像体虚、疲倦、烦躁、情绪低落等，都可能是脚气病的症状。它的表现主要包括便秘、心痛、心衰、水肿、神经炎，以及疲倦、体虚、烦躁、情绪低落等。

身体会缺少能量

维生素 B 族是所有人体组织必不可少的营养素。你没有听错，它是所有人体组织都必需的，也是让食物释放能量的关键，所以一定要吃。缺乏维生素 B 族，可能导致贫血，影响血液循环和氧气供应，从而使人感到疲劳、乏力、情绪低落等。可以说，没有它，你就没有能量。

维生素 B 族可以帮助我们的身体将食物转化为能量，就像给一辆汽车加满油一样，我们会感觉充满活力，可以像一只兔子一样跳跃，像一只蜜蜂一样忙碌，像一只猴子一样调皮。无论是工作还是娱乐，我们都能精力充沛地投入其中。

导致一些常见炎症

维生素 B 族是一种重要的营养素，对人体的免疫系统和代谢过程起着重要的作用。缺乏维生素 B 族可能会影响身体的正常运转，从而引起一系列的健康问题，其中之一就是炎症，如皮炎、口腔炎、唇角炎、口角炎、舌炎、口腔溃疡等。如果你经常出现症状，可以多补充些维生素 B 族，而不要想着往医院跑，或者又是用药膏、药水，又是输液。比如，有的人经常口腔溃疡，每次都会买一些药来吃，其实花几块钱买些维生素 B 族服用就可以了。

除此之外，缺维生素 B 族还会导致其他一些问题，因为在人体内，B 族会参与上万种化学反应，一旦缺少 B 族，很多种化学反应会变慢，或者受阻，因此产生很多问题，不是一会儿抑制性皮炎，一会儿长了一堆的痘痘，就是一会儿消化不良，一会儿痔疮发作。

维生素 B 族的成员较多，每一种都有特殊的功能。比如 B_2，B_2 有一种独特的气味，蚊子非常讨厌这种气味。如果你的身体缺少了 B_2，夏天蚊子可能会追着你咬，走到哪里都缠着你。

再如 B_6，它与糖尿病、神经病等有非常密切的关系。在维生素 B 族中，B_6 在人体中参与的反应最多，可以形成红细胞。如果人体缺少 B_6，会导致血红蛋白合成不足，从而导致缺铁性的贫血。同时，维生素 B_6 可辅助合成胰岛素，以平衡血糖，并以辅酶形式促进氨基酸合成胰岛素，所以糖尿病人需要补充 B_6。

维生素 B 族对我们至关重要。特别是女性，是一个家庭的"风水"，要让自己拥有健康的身体、温婉的脾气与稳定的情绪，并活出温暖和柔软，一定不要忽略了维生素 B 族的补充。

那么如何正确补充维生素 B 族呢？常见的做法是，找医生开一瓶维生素 B。这种做法很不妥，因为维生素 B 族是一个家族，它们要配合作战，可是合成的维生素 B 都是单个的。例如，口腔溃疡医生给你开个 B_2，可是，补充 B_2，势必导致 B_1、B_6 的缺乏。

维生素 B 族的来源，主要有种子的皮和动物肝脏。现在人们吃得很精致，只吃精米精面，皮早就去掉了，动物的肝脏也吃得少，所以维生素 B 族的摄取普遍少得可怜、缺得厉害。

你可能不知道，B 族参与身体 1 万多种化学反应，几乎身体所有疾病都和它有关，补充它不能解决所有问题，但是不补充它所有问题都不会改善。B 族是溶解于水的维生素，叫水溶性维生素，不能在体内储存，就算摄取得多了，也会随着尿液、汗液排出去。所以，不要担心会补得过量，尤其是天然维 B，要大胆地补充，例如纯天然酵母等就是 B 族最好的补充来源，既经济又实惠，口感好。每日有补充几克习惯的人，性格都很温和、淡定、从容。

小小的维生素 B 族，不仅是一种营养物质，可以提供身体所需的能量，而且可以让我们保持好心情，改善我们的记忆力……它让我们的身体和心灵产生微妙的变化，是我们开启幸福人生的一把钥匙。

怎样保持"少女感"

我们都知道,"女孩"是指那些年轻、天真无邪的女孩子们。她们喜欢玩娃娃、穿漂亮的裙子,总是充满活力和好奇心。但是,随着年龄的增长,她们会逐渐变为"女人"。

有的女性刚过30岁,就活得像位大妈,心态老、身体老、观念老,而有的女人即便人到中年,依然一脸的胶原蛋白,特别显年轻,很有青春气息。是什么造成了这种天壤之别?是衰老的速度。

人人都怕老,但又必须面对衰老这个现实,这里说的衰老,可不只是单纯的容颜衰老,还包括身体器官功能的下降,身体衰老得越快,健康越容易受到侵袭,就越容易患上各种疾病。

人体生长发育有一个规律,在过了一定的年纪后,身体的很多指标会越来越差,整个人会表现出明显的衰老迹象。也就是说,在人一生中的某个时间点,身体的健康状况会出现一个峰值,在这之前,身体素质越来越好,在这之后,会渐渐走下坡路。但是,我们可以通过改变自己的生活习惯,调整自己的心态等,来尽可能延缓衰老的速度。

很多女性结了婚,生了孩子,或是忙于事业时,就没了女人味,不是变成辣妈,小"怨妇",就是"女汉子",其实,这不是女人应有的生活状态。不管什么年纪,做什么工作,女人始终要活出女人味，至少要拥有女孩一样的心态，否则，一旦变"老"了，再想年轻会很难，这是一种不可逆的过程。所以，一定不要让自己过早从"女孩"变成"女人"，甚至变成大妈。

那要怎么办呢？

这里给出一个科学的方法：正确调理自己的情绪，滋养自己的身体，让心态、身体衰老的速度尽可能慢下来。

一个人看上去是否年轻并不重要，重要的是心态年轻、身体年轻。而且它们是相辅相成的，身体"老"了，心态会变"老"，整个人看上去自然显老，反之亦然。

有的女人年过40岁，甚至50岁，依然满满的少女感，她们不一定很漂亮，但一定有一个健康的身体与年轻的心态。否则，身体整天"事故"不断，不是今天失眠、头痛，就是明天感冒、发烧，或是经常生闷气、易怒、头晕等，很快，整个人就会呈现出老态，这些"事故"会加速身体的衰老。这就是为什么有些中年女人看上去像大妈，甚至略显沧桑的原因。当然了，五六十岁了，还能活蹦乱跳、心态阳光积极的女人，不但身体素质好，而且也会特别显年轻，可谓"人老身不老"。

从这个意义上说，衰老的程度并不一定与社会年龄成正比——不在于你哪一年出生，而在于你所储藏的可以利用的能量是否充足。一棵得不到足够养分的树木很容易枯死，它的叶子也容易变黄；一头动物一旦缺少足够的食物，毛发会变得稀疏且失去光泽。同样的道理，人在缺乏足够能量的时候，会出现皮肤不再油光滑亮、神情焦虑、心情变差等衰老的特征。

比如，你每天工作十几个小时，得不到充分的休息与营养供给，那整个人的精神状态会变得很差，而且身体状况也会出现一些小问题，如皮肤、指甲、骨骼、肌肉、体力、神色等都会不如平时好。

如果再这么折腾下去，疾病就会乘虚而入。特别是当一个人患了重病后，在很短时间内，就会像变了一个人似的，不但心理、精神状态差，而且看上去更"老面"。

这给我们一个警示：女人一定要重视自己的健康，健康是让你变得年轻的资本，也是延缓衰老的根本，更是让"女人"变"女孩"的秘诀。

所以，衰老并不可怕，关键看你怎么面对它。特别是人过中年，要找回曾经那份少女感，一定要学会为自己不断地注入能量。从现在开始，就给自己制定一个行动计划吧，争取用三个月的时间，让自己变回曾经那个娇滴滴的、水灵灵的、充满能量的"女孩"！

补充维生素 A

维生素是人体必需的营养物质，前面我们提到了要补充维生素 B，与维生素 B 一样，维生素 A 也是人生必需的物质。摄入维生素 A 后，可有效改善皮肤状态，让皮肤衰老的速度减缓。因此，建议平时吃些玉米、胡萝卜、西红柿、番薯等富含维生素 A 的食物。而且这些食物还含有其他的营养物质，多吃有助于为身体补充营养。

睡眠充足

睡眠是补充能量的一种重要方式。充足的睡眠，不仅能延缓衰老，而且可以预防疾病。人体平时最佳的睡眠时间是 6～8 小时，时间过长或过短都会影响身体健康。睡眠不足会影响血液正常运行，如果长期熬夜，脸上血液的补充量就会减少，肌肤会变得暗淡，总是给人一种脏兮兮的感觉。良好的睡眠质量和充足的睡眠时间，有助于改善血液循环，会让女人的肌肤看起来红润而富有光泽。

适当运动

不可否认，现在不少女性比较懒惰，很少运动，连吃个饭都要点外卖。长此以往，不但体态会变得臃肿，身体免疫力下降，衰老的速度也会加快。运动可有效对抗衰老。在日常生活中，要根据自己的身体情况进行运动，如练瑜伽、跑步、跳广场舞等。通过运动锻炼消耗体内脂肪，有利于改善面部松弛或因脂肪堆积造成的面部变形。

合理摄入蛋白质

蛋白质是我们身体各种活动需要的基本营养素之一，不但有助于降低血压、缓解贫血、促进抗体的合成，还可以预防感冒、增强肝脾功能等。常见的富含蛋白质的食物有鸡蛋、鱼类、牛奶及奶制品、坚果、豆类等。摄取蛋白质的量不宜过多，适量即可。

此外，还要保持良好的心态。保持良好的心态是女性抗衰老的重要法宝。只有心态愉悦、精神状态良好，身体才能保持良好的状态。因此，保持一个健康积极的心态是很有必要的。

当然了，无论你现在是一个"女孩"，还是一个"女人"，都要珍惜自己的成长过程，享受这个过程中的每一个瞬间。因为只有经历了这些，我们才能成为真正的女性，充满智慧和魅力。

第五章

"旧城"改造,年轻二十岁

❉ 健康饮食，激发身体潜能 ❉

想象一下，你每天只吃薯片和巧克力，你的身体会变成什么样子呢？可能会变成一个行动迟缓的"薯片怪兽"。如果你每天吃水果、蔬菜等健康的食物，你的身体就会充满活力，像一只跳跃的袋鼠一样。

有一个有趣的事实是，你不需要花大把的钞票去购买昂贵的护肤品，只需吃一些胡萝卜和番茄，你的皮肤就会更加光滑。健康饮食不仅影响我们的健康，还影响我们的智力。是的，你没听错！当你摄入富含营养的食物时，你的大脑会变得更加敏捷，你的思维会更加清晰，从而激发出更多的潜能。

在课堂上，我提出一个观点：你是不是一个美丽的、可爱的女人，都是由营养决定的。有一个女学员对这种观点尤为不解，认为这两种东西可是八竿子打不着。她人很瘦，我知道她在努力地减肥，平时很注意节食，我说："你这样下去会营养不良的。"她说："为了变美，这点代价算什么，更何况自己很注意营养搭配。"

看得出来，她确实表现出了一些营养不良的症状。至少，她的脸色有些不太好，不那么红润，皮肤也似乎缺少胶原蛋白，缺少弹性。身材是瘦了些，但就是看上去不美，大概她所理解的"美"就是这种可见的瘦吧。

有的女性学员微胖，长得也不是很出众，但就是很耐看，三五年时间，她们的容貌都没什么大的变化。有一个学员实际年龄39岁，她经常开玩笑说自己28岁，大家就觉得她是28岁，因为她整个人呈现出的状态，就是28岁应有的样子。

很多学员在学习了我的课程后，重新认识了健康饮食与健身、瘦身的关系，改变了先前一些错误的做法，仅用一两个月的时间，就修炼出了好状态、好气质。尤其是一些习惯节食的学员，身材也不再显得那么干瘪，脸色也好看了，整天精力满满。

女人漂亮不只有容貌与身材，还有健康与心态。生活中，有很多爱美女性为了快速瘦下来，会选择节食，硬生生把自己饿瘦。为此，这也不敢吃，那也不能吃，只想着掉肉。结果呢，人是瘦下来了，但健康没了，一副弱不禁风的样子。这样的瘦，何来美呢？该大的不大，该圆的不圆，缺少女人应有的身材曲线，自然不美。

漂亮不是瘦出来的，许多时候是靠营养"填充"出来的。营养从哪里来？靠食物。

无论你怎么跑步，你都跑不出钙；无论你怎么游泳，也游不出蛋白质；无论你怎么修行，也修不出不饱和脂肪酸。事实上就是这么简单，质量守恒，吃进去你才可能会拥有。要让自己健康、年轻、美丽、聪明伶俐、活泼可爱，一定要会吃，还要吃出营养。它是健康、美丽的基础，你的每一块皮肤、每一根毛发、每一根血管、每一块肌肉、每一个器官都需要食物的均衡营养，均衡的营养与均衡的比例构成了我们的身体结构，促成了我们身体的一个个复杂的生化反应，也形成了你、我、他的相貌。

我们说这个人很聪明，是因为他勤于动脑，而动脑思考问题，是要消耗能量的，而能量来源有诸如蛋白质、卵磷脂、胆碱、维生素B等。能量跟不上，思考就会受限，特别是在高强度脑力劳动之后，容易产生饥饿感。身体在维持正常活动时，脑部的脑力劳动消耗比其他部位多。身体在活动过程中需要血糖等多种营养成分支持，特别是高强度的脑力劳动，会消耗很多能量，为适应脑部能量需求，消化系统会快速运转，胃肠蠕动加快，血液中血糖浓度下降，因此会产生饥饿感，这也是为什么一用脑就容易饿的重要原因。

在生活中，当进行了大量脑力劳动后，一定要摄入清淡、易消化，以及富含蛋白质、维生素的食物，如鱼、虾、蛋、奶、香蕉、猕猴桃等，以补充身体需要的营养成分。同时注意保证充足的睡眠，以缓解用脑后的神经疲惫、紧张等不适。否则，脑力、身体透支，营养却跟不上，健康容易出现问题，身体衰老的速度也会加快。道理很简单：原材料用完了。就像电池没电了，手机会立刻进入关机状态。所以说，真的爱自己，就一定不能亏待自己，要尊重人体的规律，尊重物质守恒、能量守恒定律。只有每天摄取足够的蛋白质、脂肪、维生素、矿物质等，才能有持续的好状态，促进身体正常的新陈代谢。

特别是女性，每天一定要摄入一定量的蛋白质，为身体提供稳定的、可持续的营养，使其始终处于健康状态。很多人之所以会出现亚健康、慢性病，归根结底是营养不良所致。比如，身体缺维生素B，可能会变得迟钝、迟缓，或者停滞，从而引发一些症状。因此，可以多摄入一些维生素B，这样，那些反应为不就恢复了。与此同时，由于这些反应的停滞所导致的疾病，自然也就消除了。这看似是一个治病的过程，其实是一个恢复正常、恢复平衡、恢复健康的过程。

再如，皮肤干涩，那就补充些维生素C，这样会让皮肤变得更紧致，因为维生素 C 会和蛋白质生成更多的胶原蛋白，从而锁住更多的水分。维生素 C 还有一个强大的功能，就是"治疗"感冒。确切地说，不是维生素 C 战胜了感冒，而是维生素 C 支持了免疫系统，免疫系统战胜了感冒，从而让身体处于免疫系统的保护之下。

所以，看似通过补充营养治疗疾病，或者激发身体潜能，其实不是营养素本身治疗的疾病，而是身体需要这些物质来完成新陈代谢，从而恢复到之前的健康状态。这个过程很神奇，它是自动完成的，或者说是由 DNA 决定。

试想，你连续高强度地工作了几天，精神状态较差，最快速的恢复方式是什么呢？你可能会说，要美美地睡上一觉。睡觉确实可以恢复体力，但是你想过没有，如果一日三餐都有均衡的营养，品位精致，即便工作强度很高，也能短时间恢复过来。毕竟，身体是一个大的系统，它有自己的运作机理，只要提供足够的营养与能量，它就能良好地运作，否则就容易出现各种问题。

现在，来审视一下你自己：你的早餐真的有营养吗？你的午餐对得起身体吗？你选择的晚餐是不是营养均衡呢？如果不是，要马上去行动、改变，保证身体能够获得足够、均衡、及时的营养，来改造"旧城"，更好地激发身体的潜能，以免出现过速的衰老。

从这个意义上说，补充营养并不是通过营养素来治疗疾病，也不是用食物治疗疾病，而是通过营养来"重构"生命，重构抵抗疾病的能力。

硬核"两抗"：抗氧化、抗糖化

有个谜语："早年是四条腿，中年是两条腿，晚年是三条腿"，打一个动物，猜猜它是什么？答案是：人类。它形象地说明了人体衰老的过程。

随着年龄的增长，我们的皮肤变得越来越干，然后产生皱纹，注意力和记忆力也慢慢变差，各种慢性疾病也开始陆续出现。所以，衰老的不仅是容颜，还有我们身体的各项机能。

虽然人人都会变老，但我们总是渴望老得再慢一些，活得再久一点。要实现这个愿望，首先要弄清楚，为什么衰老的速度有快有慢。

联合国卫生组织对人类年龄的分段是这样的：44岁以下为青年人；45～59岁为中年人；60～74岁为年轻的老年人；75～89岁为老年人。真正长寿的老人是指90岁以上的人。按照这个划分，75～89岁才算真正进入老年阶段。那为什么有的人四五十岁就已经力不从心，身体像六七十岁的样子？为什么人的自然寿命是两个甲子，也就是120岁，而我们却很难活到100岁呢？因为"两化"：氧化和糖化。

氧化

氧化，就是物质与氧结合的过程。生活中有很多氧化现象，如切开一个苹果，放置一会儿，会发现切面的颜色变成褐色；一些油炸的食物时间长了，就有哈喇味儿；再硬的钢铁，经风吹雨打都会生锈。所有这些现象，都是氧化所致。

其实，人体需要氧气，同时也在不断被氧化，听上去是不是很可怕？研究发现，人在生长发育期过后，即转向衰老，通常女性在 22 岁左右开始衰老，男性要推迟两三年。只是这种最初的衰老不被人们所察觉，人到老年表现出的衰老现象是衰老后期的特征。像心血管病、糖尿病、风湿与类风湿等疾病的低龄化，恰恰是人类加速老化的特征表现。

在人体新陈代谢的过程中会伴随着氧化，氧化之后会产生一种物质，在化学上叫自由基。它就像铁生的锈一样，很难避免。要想不让铁生锈，就必须抗氧化，而人体中抗氧化就是抵抗自由基。人体中抗氧化的过程就是严防衰老、延长寿命的过程。所以必须热爱和高度重视抗氧化食物，例如世界抗氧化之王——生物硒，我本人就每日摄取，回报我的是比同龄人年轻十几二十岁的身体状态。

糖化

糖化，是指葡萄糖和蛋白质结合，导致蛋白质变形，产生 AGEs（糖化终产物）的过程。随着年龄增加，人体摄糖量不断累积，伴随着新陈代谢的逐渐放缓，体内摄入的糖分十分容易堆积，再和蛋白质结合、氧化，最后形成 AGEs。

AGEs 会使原本正常连接的蛋白质转变为不可修复的老年化蛋白，会让皮肤变得松弛，失去弹性。AGEs 还会影响皮肤细胞的正常更新和活动，导致皮肤修复能力下降，直接或间接促进黑色素的产生和沉淀。我们所说的"黄脸婆"就是随着年龄的递增、糖化的推进而产生的。糖化还会导致糖尿病、动脉粥状硬化、阿兹海默病等慢性疾病。

无论是氧化,还是糖化,我们可统称为"老化"。那人类是怎么"老化"的呢?

1956年著名的学者哈曼提出了自由基学说,指出衰老是由于自由基进攻细胞,细胞过度氧化所致。那什么是自由基呢?自由基就是身体的"单身汉",在身体每时每刻进行着的代谢活动中产生的一种含有不成对电子的原子团。需要注意一点,是不成对电子的原子团,所以叫它"单身汉"。

你一定能想到"单身汉"是什么状态吧?如果一个社会有适度的单身汉,他们是不是来去自由、身强力壮,在身体里也一样。一定数量的自由基对身体是有益的,它会参与能量的输送,抵御病原体、寄生虫,有排毒的作用。但如果身体里的"单身汉"太多,有的就会到处滋事,并引发更多的自由基产生,从而扰乱生命的和谐,成为健康的杀手。

随着年龄的增长、体质的改变,我们身体控制自由基的能力也会下降,所以"单身汉"越来越多。这时,它们几乎可以和身体里的任何物质发生反应,于是我们的身体开始显现出亚健康状态。

同时,外部的环境也会导致我们体内的"单身汉"越来越多,如环境污染,农药残留,高脂、高糖、高热量、低纤维的食物,抽烟、喝酒、熬夜等坏习惯,经常吃的一些治疗慢性病的药物,经常使用的电子产品,长期处在巨大的压力之下,经常性失眠等。

由于体内的"单身汉"特别多,一些慢性病也会主动找上门来,它们似乎并不在意年龄。过去,老年人才得的病,现在很多中年人就患上了,如骨质疏松、脑卒中、高血糖、高血压、痛风、高胆固醇、脂肪肝、肿瘤等。

那么如何避免这些情况呢?较有效的方法是"两抗",即抗氧化,抗糖化。过度的氧化,意味着人的衰老加速和各种慢性疾病发生的概率增加，所以抗衰老也就是抗自由基，也叫抗氧化。

如何抗氧化呢？

首先，身体里存在一种叫 SOD（超氧化物歧化酶）的东西，它可以去除多余的活性氧，以达到抗氧化的作用。

其次，要多摄取维生素，如维生素 A、维生素 C、维生素 E，它们被称为"抗氧化铁三角"。

最后，自然界中存在很多抗氧化物质，比如多酚、黄酮、番茄红素、槲皮素、花青素等，可以适当摄取。

抗糖化指的是抵抗糖化反应。具有抗糖作用的物质主要有肌肽、玻色因、阿魏酸等。抗糖的原理是：这些物质代替蛋白质与糖的反应，保护蛋白质不被糖基化，以到达抗糖的目的。

当然了，抗糖不是戒糖。糖是人体三大营养物质之一，不可或缺。健康的人每日摄入适当的糖分，是维持生命体征的必备条件，不可能为了怕老就断糖。成年人每日摄入的糖要控制在 25～30 克。

延缓衰老，"两抗"才是硬核。从现在开始，别再花冤枉钱买那些昂贵的护肤品了，只要科学地进行"两抗"，你即便到了 60 岁，也可以有 40 岁的容貌与身体，让你整整年轻 20 岁！

打开垃圾出口：春秋两季清体排毒

如果很久不打扫房子，会怎么样？会到处是灰尘，甚至有蟑螂、老鼠……

如果很久不"打扫"身体，会怎么样？体质会变差，衰老速度会加快。

很多人都有过这样的体会：经常会头晕、焦虑、失眠，或者皮肤过敏、长斑、长痘，有时肚子胀气、便秘，甚至关节疼、浑身疲软等。

你想过为什么会这样吗？这往往不是一时劳累，或是轻微感冒所致，而是体内积聚了太多的毒素。这么说你可能不是很明白。好吧，咱们现在来举个例子：你经常为一点小事感到焦虑，或是隔三岔五就头昏脑涨，没办法思考。根本原因不是你睡眠不足，也不是精神状态差，而是体内有"毒"了。这时，你调节心情，只会缓解一时，要从根本上解决问题，就必须把体内的"毒"排出去。

这就如同在一个池子里养鱼，如果水不干净，含有有害物质，那鱼的健康状况就会出问题。这时，你要做的不是给鱼吃药，而是清理水池中的有害物质。否则，你喂再多的药都无济于事。清理体内的毒素也是如此，你不能只靠打针吃药，或是一味补充营养来缓解、消除病症。最有效的办法是，先给身体排毒，将毒素通过不同的方式排出体外。

一些常见病，如糖尿病、心脏病、过敏、哮喘、痛风等，其实都与体内长期积聚的毒素有关。比如，有些地方空气污染严重，人们患呼吸道疾病的风险就会增加。再如，长期点外卖，摄入的香精、色素、甜味剂、防腐剂、添加剂等过多，会对肠胃功能等造成一定的损伤。虽然肝脏、肾脏可以分解、代谢一些有毒物质，但是时间久了，也会对肝脏、肾脏造成损伤。

当然，还有一些食物，你吃到肚子里后，其中所含的毒素是没办法代谢出去的，只能留在身体里，最后变成身体的毒素，如尿毒、肝毒等。此外，情绪也会产生毒素，叫内源性毒素。

无论是哪一类毒素，都会给健康带来危害，有的会刺激中枢神经，不仅造成焦虑，还可能影响智力，有的会对肠、胃、脾等内脏器官的一些功能造成损伤，有的会破坏骨髓，有的还会造成贫血、头晕等。

既然毒素对身体的危害如此之大，那么该如何排毒呢？

排毒工作是由身体自行完成的，它自己有一套清洁系统，具体如何运作是由 DNA 决定的。平时，我们所能做的，就是为这套系统提供尽可能多的全方位支持，使其能够顺利完成修复、解毒、排毒等工作。

很多时候，体内的毒是通过身上的"孔"排出去的，有孔的地方，都是百毒的出口。正常的排毒口有两个，一个是排便口，另一个是排尿口。当然，有些毒素会通过其他"孔"排出来，如鼻孔、毛孔、眼睛等。比如，你流鼻涕时，说明身体在排毒。这时，你要做的不是堵上鼻孔，防止鼻涕流出来，而是要弄明白是什么病毒侵袭了呼吸道以及怎样清除这种病毒。

人体的排毒方式主要有两种：一种是被动排毒，一种是主动排毒。

被动排毒

在正常情况下，人体有非常完善的防御和保护机制，所以对外来细菌、病毒、异物等都有识别机制。当一种毒素进入体内，会被免疫系统识别，然后被清除掉。如果积聚的毒素量较大，身体便会启动排毒通道，也就是身体被动排毒。

具体的路线有两条。一是经肝、大肠，从肛门排出去，比如一些脂溶性毒素，简称油垃圾、油毒素等。有的人脸上经常长痘痘，或是毛孔增大，或者头皮出油，口腔恶臭，说到底是因为这条道不能正常排毒，只能让毒素从身体的其他部位排出，其实这些毒素原本应该从肛门排出。

二是从肾脏排出，经由膀胱后由尿道排出。如果这条道不能正常排毒的话，那毒素就可能变成痰、鼻涕之类的东西，从肺部，经由鼻孔、口腔排出来。

只要体内的毒素增加，身体就会自动进行排毒，这是身体的一种本能反应与自我保护。

主动排毒

主动排毒指我们采取一些必要的方法积极主动排毒。它主要体现在三个方面。

- **定期主动禁食**。所谓禁食，不是不进食，更不是所谓辟谷，也不是简单地吃些营养素或者喝点果汁，其本质在于断掉身体所有的负担，使身体的能量、物质养分能充分地被调度到身体需要修复的位置。禁食时特别要注意一点，就是要及时关掉大脑，也就是断掉杂念，身心合一，让自己处于一种愉悦和自信的状态中。这是一种减少内源性毒素产生的重要方法。

- **提供顶级的营养补充**。使身体有足够的能量来完成整个身体的维修和排毒工作，所以在排毒过程中，要确保高品质营养的供给。

● **科学搭配食物**。食物搭配要确保基本的养分。因为每个人的体质、偏好等不同，因此，在设计食物搭配清单时，最好请教一些有经验，或是专业的人士。

在过去的10多年中，我每年都会在春季、秋季带领成百上千的人去自己实践整体自然禁食排毒法。这也是"旧城"改造过程中一项具有巨大推进意义的逆龄工程。每一次，都会取得令人惊讶的成果。很多人在短短十几天的时间，便排掉了大量的毒素、内脂等，身材、肌肉结构、脂肪含量更为合理，皮肤更有光泽，人也变得更年轻、更有活力。

今天，工业化程度越来越高，人们身体内的毒素也越积越多，毒素引发的各种慢性病也越来越多。因此，要学会定期给身体做个大扫除，别让它成为一个无人打理的"垃圾场"，任由它泛着臭气与污浊之气。

当然了，春秋两季清体排毒，并不是说其他季节就不重要了。每个季节都有它独特的魅力和好处，只要我们能够合理地安排饮食和运动，保持良好的生活习惯，就能够在任何时候都保持健康和清爽。

重视清晨第一杯水

每天清晨，当你从睡梦中醒来，要做的第一件事情是什么？是赶快翻开手机，刷几分钟短视频，还是跟跟跄跄地奔向卫生间？是揉揉眼睛，再眯上眼睡5分钟，还是嘴里念叨"太累了"，心里想着"要不再请个假"……

毫不夸张地说，这是很多人起床后的真实写照。他们很在乎自己的感受，但并不关心自己的身体，或者根本就不知道这样一件事：身体经过一个晚上的休息、解毒、排毒、修复，血液、组织液会变得黏稠。要知道，血液、组织液中有很多毒素。加上一个晚上的辛苦劳作，所有细胞都处于疲软、干瘪状态，细胞膜处于干燥磨损、受损状态。

在新的一天中，要让身体尽可能多地排出毒素，起床后第一要紧的事，就是喝一杯水。很多人对此会产生疑问：喝水能排毒？

当你睡觉的时候，身体会进行各种代谢活动，产生出许多废物和毒素。而清晨的第一杯水，就像是一场清洗大作战，帮助你的身体排出这些毒素。它就像一个勤劳的清洁工，把你的身体从内到外都清洗得干干净净。

当然了，清晨喝一杯水的妙处还在于，它可以为身体补充水分，稀释体内的血液，从而促进血液的循环。除此之外，它可以调节肠胃，改善便秘。这一点很好理解，晚上，我们的胃部是空的，早上的一杯水可以稀释胃酸，让胃部的运动速度变快，促进肠胃的蠕动，这样有助于通便，这不就是排毒吗？

近些年，我根据生理结构学和营养学相关原理，对清晨的第一杯水进行了"升级"——在白水中加入一些厨房常用的好食材。升级水可以协助身体带走更多的垃圾，同时也能更好地补充身体水分，滋养脾胃。

在日复一日地坚持之后，我先是在自己身上看到了可喜的变化，有了明显的清洁感、清新感，皮肤也变得更好了。身边不少人听了我的建议，几个月的时间，就像换了一套皮肤似的，变得年轻、白净。

这杯水如此神奇，你一定想知道其中究竟加了哪些东西。

有机醋 ▶ 它有什么用呢？一个重要的作用是，中和血液、组织液中一些酸性的"垃圾"。很多人大便黏马桶，脖子和脸分界线不明显，整个人肚子很大，白天睡不醒、没精神，晚上睡不着……这是典型的酸性体质的表现，有机醋可以很好地帮助我们改善这种体质。

但是，市面上的醋大多只发酵了三四十天，有的甚至是用醋精勾兑出来的，所以在选择醋的时候，一定要选择有机的，且发酵时间长的。一般有机醋用的是有机粮食酿造的，并经过二次发酵，先发酵成酒，再发酵成醋，从发酵到上市，至少需要一年的时间。这样的醋含有丰富的活性酵素，对我们的身体有很多益处。

有机姜粉 ▶ "早上三片姜，赛过喝参汤"。早上太阳升起，大地阳气升起，吃点姜，人就能和大自然一起"同气相求"。当阳气升起，强而有力，扩展到全身，让所有原子充满生机，净化整个心灵。

天然蜂蜜 ▶ 蜂蜜有养颜、滋阴的功效。女人要想年轻，一定要常吃含有丰富天然雌性激素的食物，比如蜂蜜、豆类等。蜂蜜是蜜蜂从花卉的花蕊里直接采取，其中含有丰富的营养，包括身体所需的微量元素，以及天然雌性激素。不同的花代表不同的营养成分，所以可以在水中多加入几种蜂蜜。

当然，很多人有顾忌：自己的血糖有点高，医生说要少吃甜的，那还能喝蜂蜜水吗？像这种情况，可以少吃，只要不一碗一碗吃就行。蜂蜜是纯天然的基础糖，GI值（升糖指数）比较低。

小分子油 ▶ 往水杯里加一点各种各样的小分子油，总量控制在5~10毫升。提到"油"，你可能不淡定了："那会不会长胖啊？"真是想多了！这可是在为自己的细胞加油，在为生命加油。经过一个晚上的辛苦劳作，细胞当然也包括身体所有的管道，急需一些健康的小分子油去修复、滋润。

你试想一下：血液在抹满油的管道上流和在疙疙瘩瘩的管道上流，哪种情况下流得快呢？当然是在润滑过的管道上了。

我们知道，油是走淋巴循环的，辣椒又可以促进油的循环。所以淋巴毒素比较多的女性，可以尝试以下这个方子：在水中加一点用辣椒泡过的小分子的辣椒油。这对排出淋巴系统的毒素有很大的帮助。

矿物盐 ▶ 矿物盐可不是普通的盐，它含有丰富的矿物质，如钙、铁、碘、硒、锌等，且钠含量较低。矿物质不仅维持人体的酸碱平衡，还能有效维持组织细胞的渗透压。除此之外，它还有一个奇特的功能，就是维持细胞膜的通透性和多种肌肉的兴奋功能。矿物质与体内的一些酶结合后，可参与多种新陈代谢。如果矿物质摄入不足，各种酶不能正常工作，人体的新陈代谢就会随之减缓或者是停止。

从现在起，不要忽视了早晨醒来的第一杯水——我叫它细胞能量水。它不但是你醒来的最佳伴侣，也是一种美容圣品，更是一种魔法药水，它可以将你从懒散的状态中拯救出来，并让你重新焕发活力，迎接新的一天。早上起床后，记得给自己做上一杯，坚持喝，将会年轻一生。

❋ 好好吃每天的第一顿饭 ❋

你可能会想:"第一顿饭有什么好重视的?不就是填饱肚子吗?"如果你能看到这个问题的另一面,或许你会对这顿饭有一个全新的认识。

第一顿饭,也就是早餐,是一天中最重要的一顿。想象一下,早上醒来,你的胃咕噜咕噜地叫着,大脑还在慢慢启动。这时,你需要一顿丰盛的早餐来为身体充电。如果你不吃早餐,那么大脑会像一台慢慢启动的电脑,身体也会像一辆没有油的汽车,无法正常运转。所以,高度重视每天的第一顿饭,确保你的身体和大脑都能以最佳状态开始新的一天。

形象地说,吃饭是一种为身体提供物资的"采购"行为,即"采购"身体所需的各种原材料。原材料的好坏,关系着"成品"的好坏。在"旧城"改造过程中,食材便是重要的原材料。

毫不夸张地说,在平时的生活中,多数人的健康是由菜市场及个人的习惯决定的。你买到什么菜,就吃什么菜,习惯吃什么菜,就一直买什么菜,完全不顾及身体的需要,更不会去设计自己的菜单。那"旧城"改造到底需要一些什么材料?很多人不清楚,甚至不知道人体需要 40 种左右的营养元素。

一顿、两顿,没什么大问题,如果长期不注重饮食健康,健康就容易出问题。

有些爱美的女性会说:"我想减肥,不吃早餐行不行?"不行!如果不吃早餐,胆囊里存储了一夜的胆汁无法正常地释放,长期如此会导致胆结石和胆囊炎。由于没有蛋白质的供应,脑细胞供能不足,易出现疲劳状态,血糖偏低,情绪不稳定,易发脾气。

如果你的工作压力大,每天上午身体都会消耗大量能量,为了满足这种能量需求,机体会从各个器官抽取蛋白质,并转变成能量。长此以往,容易导致免疫力下降、肠胃功能失调、内分泌紊乱等症状,引发各种疾病。所以,早餐一定要吃,而且要吃出营养与健康。

在身体一天摄取的营养中,早餐可以占到70%左右,是不是很难想象?晚上熟睡的时候,我们几乎毫无知觉,手脚、眼睛、大脑也几乎全部停止了工作,但是身体的清理、排毒、修复等工作一刻没停,经过一夜的工作,它会消耗不少的能量。所以,在起床后要为身体补充能量。这时,营养早餐就显得非常重要。

大多数人有一个习惯,为了赶时间,吃得比较单一,如只吃一个包子或一个面包,喝一杯水,有些人干脆只喝一杯牛奶。这样的早餐虽然比不吃要好,但无法为身体提供完整均衡的营养。假如,早餐只吃淀粉类的食物,吃下去之后,一个小时左右就消化完了,血糖从高峰跌到低谷,两个小时后基本都会低血糖、犯困。这时,孩子读书注意力不集中,办公室白领容易焦虑、抗拒、紧张等。

吃营养早餐的目的,是"采购"细胞必需的40种左右的营养元素,我们将它们分为七类:蛋白质、脂肪、矿物质、维生素、碳水化合物、水和纤维。如果早餐缺少了其中的一种或几种,可能导致体内的能量和营养成分摄入不足。

多年前,我们研发了一系列营养早餐,至今,已经让数百万人受益。事实证明，坚持吃营养早餐的人，离他们"旧城"改造的梦想会更进一步。

在营养早餐的配置方面，可遵循如下几个原则。

全面。不但营养成分要全，如有维生素、矿物质等，还要含适量的碳水化合物、纤维等。这是营养早餐的核心。

充足。必须满足全天70%左右的营养需求。

均衡。早餐种类越多越好，保证不缺人体所需的七种营养素。在搭配的时候，要注意营养素的充足供应。

及时。要方便食用，不会耽误太多时间。

下面是我们推荐给大家的一个营养早餐配方：

取鸡蛋1～3个，蛋白质粉两勺，胡萝卜、芹菜各50克。

取适量优质的酸奶（自制的酸奶或优质的有机羊奶、驼奶粉）、煮熟煮烂的豆类酵母粉（或者小麦胚芽粉）、蜂蜜、有机橄榄油、葡萄籽油、亚麻籽油。

再取菠萝、木瓜、苹果各50克，以及一把混合坚果。

用破壁机将上述食材搅拌均匀，便是一杯口感上佳、营养丰富，且易消化吸收的奶昔。

当然，每个人口感不一样，你也可以根据自己的喜好，替换其中的一些食材，如加上芝麻粉，或是你喜欢的水果。

做这样一杯奶昔，只需要几分钟的时间，一点也不耽误上学或上班时间。每天早上，全家人都喝一杯，营养又美味，半天都不会有饥饿感，而且还能确保我们一个上午都能够有稳定的血糖。

每天的第一顿饭不仅仅是填饱肚子，它还是我们身体和大脑的能量来源，是我们享受美食的机会，是我们与家人和朋友共享美好时光的机会。所以，让我们高度重视每天的第一顿饭，让早晨变得更加美好、有趣和充满活力！特别是对于女性，营养早餐更是助力"旧城"改造，让身体变得年轻的基石。

第六章

做自己的首席健康官

✺ 神奇的生命周期 ✺

"生命周期",简单来说,它是指在生命的个体成长过程中,经历的一系列变化阶段,这种阶段性的变化过程就是所谓的"生命周期"。无论是微生物、植物、动物还是人类,每个生命都有自己的生命周期。

20世纪初,德国和奥地利的科学家经过观察发现,在人体生物节律中体力周期是23天,情绪周期是28天,智力周期是33天。人的体力、情绪和智力的周期性变化可用曲线来表示,从出生那天算起,起点在中线,先进入高峰期,再经历临界期,而后转入低潮期,如此周而复始。

其实,西方科学家只是发现体力、情绪和智力的节律周期。在很早之前,我们的古圣先贤就发现了人一生的生命周期。如孔子在《论语·为政》中提道:"吾十有五而志于学,三十而立,四十而不惑,五十而知天命,六十而耳顺,七十而从心所欲不逾矩。"从人体气血盛衰的角度来分析身体、心灵的变化过程。

《黄帝内经》中也提出了有关生命力、生殖力的周期。如有"女七男八"之说,即女性每7年一个周期年龄,男性每8年一个周期年龄。在女性的一生中,对身体有重大影响的时间周期分别是7、14、21、28、35、42、49、56、63、70、77、84、91、98

等。男性为 8、16、24、32、40、48、56、64 等。每个周期都有独特的意义。

下面简单介绍一下女性的几个生命周期。

第一个生命周期：0~7 岁

这一阶段需要完成的是身体内部的生长，比如脏器和大脑以及腺体。

这个时期性别的差异还不明显，所以这个阶段的养生是对内胚生长的支持。内胚包括五脏六腑，也包括各个腺体和大脑。如果这个阶段没有保证好营养的供应，影响器官的制造与建设，不能保证其足够的强壮，那么即使基因遗传具备长高的可能，身体也不会长到足够的高度。在接下来的第二个阶段就会提前结束发育，这个孩子的身高、身材、体格、外貌都无法达到均衡，从而出现一些长相、比例、五官等方面的不协调。

在这一阶段，比较适合婴幼儿的早餐是：小麦胚芽加酵母、婴幼儿奶粉、自制酸奶、婴幼儿益生菌、天然维 C、酵母锌、应季水果，以及牛初乳、亚麻籽油、核桃油、小麦胚芽油等，并搅拌成糊状，每天喝 8~10 次。这个阶段禁忌牛奶、精米精面、过多甜食、精加工的食物，以海产鱼类、蛋类、易消化的肉类、易消化的谷类、种子类为主。

第二个生命周期：7~14 岁

这个阶段负责身体的身高、外貌、性特征、繁殖能力系统的建设，并开始为生理上的成熟做准备，性特征将在 14 岁前完成基本的形态。与第一个阶段完全不同，这个阶段的孩子可以开始逐渐进入强度较大的运动训练，也可以开始在音乐、艺术，以及体育、数学等各个领域开始有更深入的学习。

我们讲"三岁看大，七岁看老"，这一阶段是女性人格、性格、品格塑造的黄金期，女性对未来的人生定位，对自己在群体中的角色扮演，对异性的好奇与向往，对自然奥秘的探索，对勇气和胆略的培养，对自尊和成就感的认知，全都在这个重要的阶段完成。可见，这个阶段相当重要。

在这个阶段，可以这样配置三餐：

早餐配方为：酵母粉加小麦胚芽、一些熟的豆类、熟鸡蛋两个、自制酸奶、大豆肽粉、三宝粉、优质益生菌、钙镁、维生素 E、类胡萝卜素、亚麻籽油、各种坚果一小把、半个拳头的黄金饭，或者是全麦面包一小片、香蕉或者是苹果半个，这些混合放在一个破壁机里搅拌，并且每天坚持，额外再补充一些深海鱼油。

午餐：增加大量的粗粮，比如说玉米、地瓜、南瓜、山药、西蓝花等食物，另外增加鸡鸭鱼肉、蛋、豆、螃蟹、虾等高蛋白质食物的摄取，每天补充酵母粉，务必 6～10 勺。

晚餐：与午餐相似，最好额外再榨一些应季的蔬菜、水果汁。

第三个生命周期：14～21 岁

在这一周期，身体为生育做着完整的准备，性逐渐成熟。这是女性整个人生中最美丽、最绚烂多彩的时期。无论对事业，还是爱情，她们都开始有自己的思想。作为家长，这个阶段应该鼓励她们认识一些年纪稍大，又很有思想、有作为的人，这样可以让她们去模仿。与此同时，要多鼓励她们，尊重她们的个性与独立，避免打击、嘲笑，用冷水浇灭她们梦想的热情。

这个阶段食物的量与种类一定要增加，这样才能用营养托举生命的成长，一定要给予充足的营养支持。

第四个生命周期：21～28 岁

在这一周期，年轻的力量与衰老的力量，会不断交叠出现。年轻意味着携带和储藏能量的能力强，而衰老意味着能量流失的速度快。

　　为了呈现格外的年轻和美丽，这一阶段的女性要遵循自然法则，始终让自己保持健康的心态，减少精神内耗与能量的挥霍，这样可以维持身体能量的平衡，减缓衰老的速度。否则，过度消耗身体的能量，或是让不良的情绪，如紧张、压力、抑郁等释放过多的能量，势必会打破能量平衡，从而加速身体的衰老。

　　从这一阶段开始，一定要懂得抗衰老，学会和身体沟通交流，学会驾驭身体的每个系统，学会运用自然的力量。这样，可以让时间流逝得更慢一些，让身体一直保持活力。

　　在饮食方面，要多吃一些富含维生素、胶原蛋白、钙镁，以及能够起到滋阴功效或者抗衰老的食物。再就是多喝温开水，多吃水果，这对身体与皮肤都有益处。

　　如果说在这个周期之前，生命需要的只是建设的话，那在这个阶段之后，生命就进入了需要维护的阶段。接下来的几个生命周期就不展开叙述了。总之，人类的生命周期是有趣和复杂的，不论处于哪个生命周期，都需把握住一个原则，即要尊重该周期呈现出来的自然规律，并顺应这些规律，以保持、激发充沛的体力、精力、活力。

❋ 疾病的九个阶段 ❋

我们都知道，生活中难免会遇到各种各样的疾病，但你可曾想过，这些疾病是如何演变的呢？在很多人的观念中，都有一个误区，即认为疾病是偶然间得的。比如，突然做全身检查发现：糟了，血糖竟高出正常值三倍，原来自己竟是个糖尿病患者！于是心理的平衡被打破，百思不得其解：平时非常注意糖的摄入量及饮食健康，生活也很有规律，血糖为什么说高就高了呢？是不是最近没有休息好？或是前些天的感冒引发的……

其实，很多疾病，特别是一些慢性病，都不是短时间内形成的，它有一个不断发展、累积的过程。这就像人体生长一样，你见过哪个孩子一出生就一米八？他一定是从几十厘米开始，一毫一厘长高的。

面对疾病，很多人本能的反应是：一定要战胜它。其实，它没有那么可怕，甚至可以说，它不是我们的敌人，而是一种身体的智慧，是一种身体的语言，是身体在应对外界伤害的过程中，有选择性地调整各种资源的一种反应。也就是说，为了有效应对外界的伤害，身体会对能量进行重新分配，在能量重新分配的过程中，会产生一些症状。这种症状，可以理解为是一种身体语言，它在告诉你："嗨，要小心了。"

有些慢性疾病，起初症状不怎么明显，身体语言信号不够清晰。因为粗心大意，常常捕捉不到这些信号，无从知晓身体的真实状况，即便病毒早已潜伏在身体里，可能依然不改变一些不良的饮食、生活习惯等，这样病情会不断恶化。直到有一天，身体感到明显的不适，检查后惊讶万分："我怎么会得这种病？"与其说是疾病对你造成了伤害，不如说是你的后知后觉，以及错误的生活方式伤害了自己。因为你的敌人不是疾病，而是你自己。

所有的疾病，都有一个发病的过程，特别是慢性疾病，它往往要经历好几个阶段、好多年。整体自然医学对疾病进行了分级，由轻到重将慢性疾病的演变过程分为九个阶段。作为自己的首席健康官，为了更好地驾驭自己的健康，非常有必要了解这几个阶段。

需要特别说明的是，这里的阶段不是以时间划分的，而是以病的轻重程度来划分的。每一个阶段，都会表现出一些典型的特征，而且有的阶段持续时间长，有的阶段持续时间短。其中，病情最严重的当数第九个阶段，也就是癌症阶段。

第一阶段：打喷嚏

很少人会把打喷嚏当作疾病。打喷嚏意味着身体非常敏感，随时准备进行自我清洁。如果你已经很多年没打喷嚏了，不要庆幸"我免疫力强""我百毒不侵"，以为自己身体很厉害，其实，这不是什么好事。为什么？因为这意味着身体的第一道防线正在失守。听上去是不是有些恐怖？身体就像一个国家，它必须有自己的边防线，并设立边防哨所，驻扎着自己的边防部队。一旦有敌人入侵，他们就会立刻投入战斗，将敌人挡在国门之外。如果第一道关卡没有挡住敌人，那国家就得从和平建设的状态立刻转为战争状态。

人体的第一道免疫防线是什么呢？是皮肤、黏膜。相应地，人体的边防部队是我们鼻腔黏膜上的三叉神经，当遇到异物的时候，它会立刻向作用在肺部的呼吸肌肉发出指令，猛烈地排出空气，以将异物驱除出境。我们打喷嚏时，鼻腔内的气流会以时速 177 千米的速度向外释放，也就是 40 多米每秒。我们为什么会产生如此强烈的反应？因为这是鼻腔黏膜受到刺激，身体做出的一种防御性反射动作，即通过打喷嚏来产生强大的气流，并将它们排出体外。

第二阶段：流鼻涕和吐痰

如果你长时间没有打喷嚏了，很可能意味着你的第一防线已经失守了。这时，身体将启动新的防御措施，即进入第二个阶段：流鼻涕和吐痰。流鼻涕、吐痰也叫防御措施？没错！如果你很长时间连鼻涕都没有，那不能说明你这个人干净卫生，很可能是你的身体出了状况。流鼻涕、吐痰代表着身体的自我清洁，如果相应的黏膜系统出了问题，那身体清洁有害物质的能力会大幅下降。

通常，鼻腔内衬着完整的一层黏膜，黏膜下面有黏液腺，平时不断地分泌，分泌的水用来湿润吸入的空气，分泌少量的黏液均匀地分布在黏膜表面，黏液中有溶菌酶，当吸入空气中的灰尘和异物时，就抑制和溶解这些细菌，这些黏液就是鼻涕。痰，在医学上的定义是指肺及支气管等鼻腔以下的呼吸道黏膜所分泌的，用来把异物排出体外的黏液。人的呼吸道里有许多小绒毛，像麦浪一样地朝口腔方向运动，慢慢地将脏东西推出来，推到嗓子眼，人就会咳嗽吐痰。

所以鼻涕和痰是身体应对外界伤害而做出的自然反应，是身体防卫体系的一部分，是主动的保护机制。可是生活中我们很多人对身体的认知颠倒了。很小的时候，我们的孩子状态都具有咳嗽和吐痰、流鼻涕的能力，可是面对孩子的咳嗽、流鼻涕、吐痰，我们又干了什么呢？给孩子吃药，阻止他咳，叫化痰。咳嗽的时候给他止咳，意思是别咳出来，把那些脏东西留在身体里！

这是一个方向性的错误，这些错误的手段压制了孩子所拥有的自我保护能力，身体与生俱来具有自我清洁、自我调整，并将有害物质排出体外的能力，可是从小就被各种各样的镇压手段和药物给制止了，导致身体的一道道防线、一道道屏障，在很小的时候就被废弃了。

第三阶段：乏力没食欲

精力是一切生命之本。我们之所以感到乏力，是因为身体没有足够的能量去做它该做的事，变得很虚弱。如果体内有毒素，它们会消耗一部分能量，这种情况下，人体更没有办法恢复精力，会越来越疲倦。反过来，越是易疲倦的体质，体内越容易积累毒素。

通常，精力在睡眠期间可以得到恢复。浑身乏力的最初征兆是感觉疲劳和懈怠，白天想打盹，晚上需要多睡。每个人都会感到乏力，都会累，如站久了腿会酸，坐久了腰会酸、脖子酸，躺久了浑身都酸，关键是劳累后睡一觉，第二天就缓过来了。正常情况下，工作了一天、劳累了一天，睡一觉后体力是可以恢复的。如果你睡了一觉，还是疲劳、乏力、没精神，而且这样的情况经常出现、连续出现，那很可能是身体自愈能力变弱，即细胞生长的速度减慢，这也为重大疾病的到来打开了方便之门。

所以要高度重视乏力，特别是长期的乏力。这很可能意味着身体出现一些状况。身体通过"疲劳"这种症状在告诉你：别再劳累了，别再给身体增加负担了，要用有限的能量来修复和休养。这时，你应该暂停手上的工作，启动休养、疗愈程序。

在这个阶段之后，每个阶段都有一种特别常见的现象，就是食欲不振。为什么呢？因为消化需要很多能量，当身体需要更多的能量来进行自我修复时，聪明的身体会本能地明白应该减少食欲，减少消化所消耗的能量，把本该用于消化的能量转移到最需要它的地方，用于那些紧急而重要的修复工程。这就是为什么人类很多疾病的症状都有食欲不振的原因。

在这个阶段，应该让身体得到充分的休息，并提供其易于消化吸收的流质营养食物，经过一段时间的自动修复，便会重获健康。如果我们不顾及身体的感受，继续工作，继续劳累，继续给身体增加负担，疾病就会继续发展进入第四个阶段，身体就会启动下一个防御措施——发烧。

第四阶段：发烧

当体内产生的毒素无法排出时，便会慢慢积累、慢慢渗透到身体的血液、淋巴等组织中。于是身体自我调节的作用、自我防御的能力启动，它会通过一种非常手段来清除体内的这些毒素，即发烧。当毒素的累积超过了身体能够忍耐的极限，对身体的机能造成威胁时，身体会通过提高自身的温度来液化燃烧毒素，迫使毒素渗入血液，然后被送到肠道、膀胱、肺、皮肤等排毒器官排出，从而加快新陈代谢，促进健康。

打个不太恰当的比喻，这就好比家里的垃圾太多了，一时又扔不完，怎么办？那就干脆一把火把它们全烧了。发烧时，体温会升高，细菌和病毒无法正常复制，丧失繁殖能力，从而大量死亡。同时，发烧也可以加快新陈代谢，燃烧体内的毒素变成能量被人利用。也就是说，发烧是典型的对身体健康有用的生理反应。

但是，我们平时又是如何应对发烧的呢？一发烧就会想到打针、吃药，并把它当作敌人或洪水猛兽，欲除之而后快，什么退烧药、抗生素全部用上，觉得只要把发烧这个症状消除了，问题就解决了。

恰恰相反，这种行为等于和毒素联手打击身体的自我疗愈能力、自我清洁能力，是对身体的一种变相伤害。研究表明，发烧本身是不伤害身体的，高烧对脑部的损伤是脱水所致，所以在发烧的过程中，只要多喝温开水，保证不脱水，对人体就不会造成多少伤害。因为发烧要消耗大量的能量，所以要配合身体多补充营养，为身体提供足够的能量。换句话说，体内在发生大量的战斗，后方要提供足够的粮草以及后备力量的支持。

如果身体没有烧到39度，而是反复低烧，或者是用药物人为强行退烧，身体就无法通过发烧来完成消灭细菌病毒、排除病毒、清洁身体这些任务了，完成不了这些任务会怎么样？届时，疾病的发展会进入下一个阶段，也就是身体被迫要同时开启下一个阶段的防御措施，即过敏反应。

第五阶段：过敏

过敏阶段是身体启动得更厉害的一种防御机制，它会加速内部的运转，以排除各种毒素。过敏可以发生在身体的不同部位，虽然没有严重到要求助医生，但让人相当难受，迫使你想各种方法摆脱这些不适感。其实，这是身体的一种智慧，是身体通过过敏来提醒你：该采取某些行动了。

我们比较熟悉一些过敏的症状，比如皮肤红疹、瘙痒等，这是因为皮肤不仅是人体最大的器官，也是一个排毒器官。如果皮肤感受到瘙痒，表明那里正在排毒，当毒素到达皮肤表面时，这片区域被毒素刺激，就会产生过敏的现象。这是人体吸引你注意力的一种方式，就像一个孩子哭着闹着吸引家长的关注一样。如果你对毒素的堆积置之不理，瘙痒会进一步加重。

并不是每个人在过敏阶段都会出现皮肤瘙痒的症状，有些人会时不时感到恶心、紧张、沮丧、焦虑、苦恼等，尤其是当这些情感与你自身的性格不相符时，表现得更为明显。还有某些地方感到微疼、难以入睡、睡得不熟、体重增加、舌苔厚、呼吸困难、体味难闻、面色难看、黑眼圈，女性可能月经失调，或者流血过多等。

当然，也有的人会感到忧虑、烦躁，或是无缘无故动怒。如果你发现自己经常反复脾气暴躁、爱发火，这很可能是过敏的症状。我们常听人讲"这个人特别爱生气"或是"最好不要惹他，他情绪不稳定"之类的话，一个人之所以易怒，很可能是因为他的身体处于过敏阶段，就这么简单。

除此之外，还有肠道的过敏、排尿的过敏等，这些都属于过敏症状。在过敏这个阶段，可以使用抗过敏的药物来人为地消除症状，可是体内的毒素不会因此被彻底排干净，又因为身体不会任由毒素在体内沉积，在这种情况下，它会启动下一个更厉害的防御机制，也就是"发炎"。

第六阶段：发炎

如果在前面五个防御阶段，身体节节败退，不能阻止细菌、病毒、毒素、过敏物的入侵，那么，它会被迫启动新的防御机制，也就是发炎。发炎是体内的细菌、病毒、毒素等被智慧的身体集中在身体特定的某一个部位、某一个器官，以便免疫系统可以大规模地集中清理出去，所以那个地方是战场，并且正在发生激烈的、惨烈的战斗，医学上把这种状态叫作"炎症"。

如果这个战争发生在扁桃体，就是扁桃体炎，发生在肝脏就是肝炎，发生在肾脏就是肾炎，发生在阑尾就是阑尾炎，发生在结肠就是结肠炎，发生在关节处就是关节炎，发生在鼻腔就是鼻炎。急性炎症通常表现为红、肿、热、疼，以及功能障碍，同时还伴有全身的发热，白细胞增多，全身的单核吞噬细胞系统增生，局部淋巴结肿大和脾肿大等，这些都是免疫系统战斗的最好体现，也是身体正在清洁毒素的最好体现。

当皮肤强行排毒时，会引发特别严重的皮炎、湿疹、牛皮癣、红斑狼疮等，所有的发炎都是身体力图自我清洁、自我康复的最强烈反应。平时，多数人又是怎么做的呢？通常的做法是，和医生一起合伙用各种消炎药、抗炎症的药品来消除发炎症状，减轻发炎带来的疼痛。不幸的是，这些药物会带来严重的副作用，如胃、十二指肠溃疡、引发上呼吸道出血等。同时由于症状被抑制，造成了问题被解决的假象，让毒素继续在这个假象的掩盖下对身体产生更大的伤害和造成更严重的后果。

所以，发炎是疾病发展过程中最关键的战役，它是个转折点，如果这个阶段通过支持身体的自我疗愈能力，激发免疫系统的强大功能，主动地战胜细菌病毒，并把它排出体外，那么各种炎症都会被治愈，而且治愈的难度也会大幅降低，身体也会恢复健康。如果在这个阶段通过使用药物，或者其他不正确的医疗手段来消除炎症，那只是暂时消灭了症状，那些隐藏在身体里的细菌、病毒依然会给健康带来威胁。

第七阶段：溃疡

溃疡是比发炎更严重的防御机制。当身体启用这一机制时，说明免疫系统在和细菌病毒战斗中全面溃败，细菌、病毒、毒素等可以长驱直入。这时，身体已经遭受了长期的损伤，许多细胞和组织被破坏，又没有足够的养分来修复。因此，接下来病情会急速恶化，并可能大踏步地向硬化和癌症进发，而且康复的难度会大大增加。

溃疡既可以是体内的，也可以是体外的，体内的溃疡，典型的就是胃溃疡，实际上是胃里的幽门螺杆菌战胜了身体的免疫系统，在体内大量繁殖，造成胃壁溃疡，得过胃溃疡的人都深知其痛苦。体外的溃疡有口腔溃疡，也有人胳膊和腿上出现溃疡。总之，溃疡阶段说明身体已经极度缺乏营养，身体没有能力让溃疡愈合。

在治疗胃溃疡的时候，医生基本上使用药物，而药物的副作用会伤肝伤肾，肠道的吸收功能也会受损，是杀敌一千，自损八百，基本胃溃疡治疗都是降低胃酸分泌，把缓解胃酸分泌造成的疼痛作为治疗的方向，再加治疗胃黏膜的保护剂。这样做的结果是降低了胃酸分泌，但也影响了胃的消化功能，加剧了营养不足和消化不良的问题。营养的缺乏造成恶性循环，身体更加没有原材料来进行溃疡部位的修复，而且药物的副作用也会伤害肝肾功能和肠道吸收。

在这一阶段，如果还不能够增加营养，停下来休息，让溃疡尽快愈合，那么身体就会被迫进入下一个阶段。

第八阶段：硬化

当身体进入硬化阶段，表明健康状况已经非常糟糕了，免疫系统几乎完全丧失战斗力，身体各个部位极度缺乏营养，只能拆东墙补西墙。此时，身体只能勉强用尽最后一点力气，将毒素包裹在固定的区域，等待将来有能力的时候再清除和修复。如果在这个阶段还不能停止对身体的伤害，增加利于身体吸收的均衡营养，彻底停下来休息，帮助身体恢复免疫系统的功能，那很快就会进入下一个阶段，也是最让人崩溃的阶段——癌症。

第九阶段：癌症

正常情况下，人体的细胞数约为 600 兆，这么多的细胞构成了组织、构成了器官、构成了系统、构成了完整的人体，这么多的细胞在大脑的统一指挥下，有条不紊、井然有序地完成各项功能，保障着我们的健康。可是，在经历了前八个阶段后，细胞的生长环境遭到极大破坏，同时，细菌、病毒、毒素会不断侵蚀细胞，持续不断地造成细胞死亡和功能障碍，最终让一部分细胞不再受大脑的控制，擅自疯狂生长，抢夺正常细胞的营养，形成癌细胞。

每个人都害怕癌症，因为大家知道癌症和死亡的关系密切，从某种程度上讲，癌症就意味着死亡。不过，从第一阶段发展到癌症阶段，是一个漫长的过程。如果我们能让其中任何一个阶段的病情发展停止，便不会发展到最后这个阶段。

当然，癌症本身并不可怕，归根结底，它是一种慢性疾病，是一种不良生活方式导致的疾病，它不是不可战胜的。举个例子，从乙肝、丙肝发展到肝硬化要5~10年，肝硬化发展到肝癌又要5~10年。只要改变认知，做好防范，在疾病发展的每个阶段，我们都有充足的时间改变疾病发展的进程，改变疾病发展的方向，最终重新获得健康。

“慢”病的“快”防与调理

你可能会问“什么是慢病”，简单来说，慢病就是那些不会一下子把你打倒，但会悄悄、慢慢地侵蚀你的健康的病症。我们的身体就像一台机器，如果不好好保养，就会渐渐出现一些小毛病，最后变成大问题。所以，我们一定要重视慢病的预防和调理。

的确，慢性病是可以康复的。任何一种慢性病，哪怕吃了十几年、几十年的药都没治好，也有机会康复。

这里，打一个比方，家里的灯泡坏了，从治疗的角度看，需要把这个烧坏的灯泡修好，但是要怎么修呢？似乎没有合适的办法。如果你执意要修，折腾半天都未必有结果。那么怎么办？扔掉，换一个新的。因为你的目的不是如何修好灯泡，而是夜晚能恢复照明。到超市买一个灯泡，也就几分钟的事情。

如果将人体的每一个细胞比作一个灯泡，慢性病会导致某些组织器官有大量的细胞死亡，这些细胞是没有办法被修复的，你不能指望药物把它们救活，也不可能依靠药物生长出新的细胞，因为新的细胞生长需要食物中的营养素，而不是药物。如果药物变成了细胞的结构和成分，那这个细胞就等于基因突变了。

我们的身体有一个天然的优势，就是会自行新陈代谢，如果我们能给予身体正确的环境、正确的营养来源，帮助、支持新的细胞生长，那么新的细胞就可以逐渐代替死亡受损的细胞，像灯泡一样换掉它。当新的细胞不断进行更新的时候，就有新的组织替换旧的组织，那就像换了灯泡一样重现光明。

与急性病需要通过药物、手术等各种方式进行迅速控制不同，慢性病需要的不是快速控制，而是慢慢发展。因为发展很缓慢，慢性病不会马上威胁到生命，既然缓慢，不就是可以被控制住的病吗？

慢性病代表的是身体的损耗，需要的是修复与调理。也就是说，预防慢性病的最好方法就是保持健康的生活方式。首先，我们尽量多吃一些水果、蔬菜和坚果，给我们的身体提供足够的营养。

其次，运动也是预防慢性病的重要一环。有时候我们会觉得运动太累了，但是想一想，如果我们的身体变得懒散，慢慢地就会出现各种毛病。所以，让我们每天都找一些时间来运动吧！可以去散步、打篮球或者跳舞，只要能让我们的身体动起来就好。而且，运动还可以释放压力，让我们心情愉快，是不是很棒呢？

另外，按上一章节所讲的疾病发展的九个阶段，你在任何一个阶段都可以觉察到身体的症状，觉察到身体的信号。并据此做出快速反应，给出有针对性的预防措施，预防或调理的方向就是尽可能多地支持新的细胞生长，满足有利于新细胞生长的一切条件，例如基础营养原材料的采购、好的心情、充分的休息，以及优质的空气、阳光、水等。

❈ "真笑"是礼物，"假笑"是任务 ❈

为什么有些人的笑容让我们感到温暖和愉快，而有些人的笑容却让我们感到尴尬和不自在呢？其实，是笑的态度不同，一个是真笑，一个是假笑。

真笑就像一份珍贵的礼物，它是真心和善意的表达。当我们看到一个人真心地笑着，我们不禁也会跟着感到快乐和放松。真笑是一种积极的情绪释放，能够传递正能量给周围的人。它不仅能够改善我们的心情，还能够改善他人的心情。

相比之下，假笑就像一项任务。它往往是出于礼貌或者应付场面的需要，给人一种虚假和不舒服的感觉。所以，假笑并不能真正改善我们的心情，也无法给他人带来快乐。

无论是真笑，还是假笑，都是一种情绪体现。"情绪"这两个字实际上是文学的表达形式，从生理学的专业表达叫"应激反应"，它分为急性应激和慢性应激。急性应激，是比如你突然摔倒在地上，你的反应是要立刻爬起来，它持续的时间短。慢性应激，就是持续时间长的应激反应。比如，有人惹你生气了，你一气就是一个月，甚至半年。

为什么情绪会对身体有这么大的影响呢？因为在人体里有一个开关，它会控制我们的生理表现。举个例子，闭上眼睛后，不管你的视力是 1.0 还是 2.0，都看不见了；再如，你需要说话，必须打开嘴巴，需要睡觉，必须闭上眼睛。我们的每一个脏腑都受这个开关的控制，当你出现应激反应的时候，这个开关也会发生微妙的变化。我们身体由两套神经系统控制，医学生理学上的专业名词叫交感神经和副交感神经。

交感神经主要管理的是应激反应，当受到外界伤害的时候，如森林里一只正在吃草的兔子，看到一只老虎，这个时候其交感神经会警示它：赶快逃跑。交感神经让心跳加快、血压升高、四肢的血流量增加，为的是及时逃命。交感神经是用来战斗和逃跑的，副交感神经主要管理的是放松、修复，让细胞生长，让免疫系统工作，是一个用于生产建设的系统。那只正在吃草的兔子，它的副交感神经主管消化吸收、分泌消化液等。

交感神经和副交感神经不会同时工作。如果交感神经打开，副交感神经就会关闭，副交感神经如果启动，交感神经就会受到抑制。当你在生气、愤怒时，你的副交感神经会受到抑制，相应地，身体的消化吸收、修复、解毒、血液循环、细胞再生、免疫功能等也会被抑制。可以想见，那将会生出多少种病来？

严格来讲，现代社会的慢性病都和负面情绪有关。你生一次气，不仅仅会消耗一些能量，也可能诱发一些疾病。举个例子，有人在诋毁你，你很生气，如果你改变自己的看法，认为"他是因为妒忌才这么说，说明我更优秀"，那很可能会平静下来，觉得没必要生气。但是绝大多数人在被别人诋毁时，会不自觉地生气。其实，可以换一种思维，即不要去配合对方，而把这种诋毁视为别人的羡慕、嫉妒，就没有那么生气了。

负面情绪主要源于三个方面：一是意外事件；二是事情的发展超乎预期；三是求而不得。无论是哪一方面，我们潜意识里都会认为：事情理所当然应该如此。否则，就很难接受，就会生气。其实这个世界上没有什么事是理所当然的。

之前，我们说过身体是很容易被欺骗的，它不能区分你是真有情绪，还是没有情绪，总之，你当时表现出什么情绪，它就非常配合地去到那个情绪的模式。

情绪分为两种，即正向的情绪与负向的情绪。正向的情绪，比如激情、大笑，会使你舒服；而负向的情绪，比如愤怒，会使你疲劳。舒服代表着秩序，疲劳意味着混乱，舒服意味着细胞生长、荷尔蒙的分泌和制造正常，甚至旺盛，愤怒和紧张代表着细胞死亡，能量不能正确、有秩序地释放，从而造成内部的冲突和损害，衰老也就在这一刻开始了。

所以我们要启动笑的计划，顺应身体的自然规律，身体分不清假笑、真笑。那既然笑让人舒服，我们就可以时常训练自己笑，把假笑当作任务来做，练习一下，"哈哈哈哈……"身体会感受到放松舒服，你会感受到身体真的以为你是笑了，这个时候身体的内分泌、免疫系统和生长修复机制都会启动，也就是说身体的开关会开向副交感神经，其实我们在"哈哈哈"的过程中，有更多的氧气进入身体，同时也呼出了更多的浊气和废物。

刚开始，可以训练10次、20次、30次，再慢慢增加次数及每次的时长，这有助于启动淋巴循环、血液循环、免疫系统、内分泌的调节。从肚子里"哈哈哈"出来感觉最好，要有全身都是"哈哈哈"的感觉，在"哈哈哈"的过程中你就真的由假笑变成真笑了。

我们天生是"哈哈哈"来到人世间的，天天就想玩，天天就想乐，可是当你玩的时候，有人说"不许玩"，乐的时候，有人说"不许乐"，慢慢地，你这种天生舒展的性格便会慢慢收缩，变得内敛，甚至有些扭曲。长期情绪低落会导致我们的免疫力低下，诱发很多

第六章　做自己的首席健康官

慢性病，甚至会得癌症。

在癌症研究中有一个名词叫"癌症性格"，只要你有这种性格，你得癌症的概率可能就比别人高。人说性格是天生的，其实性格都是被外界的环境压制、鞭策训练出来的。

人生不如意十有八九。大家一定要牢记一招——每天训练自己假笑。毕竟，你的身体可分不清真笑和假笑，它只有一条神经链，就是笑的神经链，没有真笑的神经链和假笑的神经链。所以，练习一次笑，等于练习了一次笑的神经链，随着次数的增加，这个笑的神经链会越来越强大。慢慢地，你就会变成一个爱笑的人。让我们在生活中多一些真心的笑容，让快乐和幽默成为我们生活的主旋律。记住，真笑不仅能够给自己带来快乐，也能够成为我们送给他人的最好礼物！

这里，送大家疏导自我情绪的三个咒语：

"情况就是这个情况，那我也要好。"也就是说，不要放大事情，放大了事情就是放大了情绪，要不停告诉自己：情况就是这个情况，情况就是这个情况，就是不要对一件事情上纲上线，让我们接纳当下的这个情况，明白自己要什么，我要的是"好"。

"他也不容易，他也不容易。"事实上，在这个世界上每个人都有自己的难处，都有自己的功课要做，没有谁是专门想来为难你的，他只是想来成长自己，别想多了，他并不是想来为难你的。如果大家都愿意说"他也不容易"，或者"你也不容易"，彼此该是有多舒服。

"就是咋好咋整，咋好咋整，一拍大腿，咋好咋整，咋好咋整。"感受一下身体的这个能量。

所以作为一个真正的健康官，需要从身、心、灵几个维度去让自己获得全面的健康。最后，愿大家的笑容永远灿烂。

第三部分

丰盈的内心

第七章

丰盈的内心，让生命光辉绽放

❈ 丰盈是生命该有的状态 ❈

生活就像一盘"丰盈"的饭菜，需要各种各样的食材来调味。如果只有一味调料，生活将会变得枯燥无味。

我们也常用"丰盈"来形容女性，它指的是一种生活状态。

那么如何才能活出"丰盈"的生命状态呢？

内心富足

女人的内心就像五彩斑斓的宝藏，里面装满了各种各样的宝贝。这些宝贝并不是金银财宝，而是一些看不见、摸不着的东西，比如爱、友谊、激情和幽默感。

女人内心的富足首先来自她们对自己的爱。她们会好好地照顾自己，让自己变得更美丽、更自信。她们会花很多时间在美容院，给自己做个护肤或者美甲；她们会买很多漂亮的衣服和鞋子装扮自己……总之，她们深知只有爱自己，才能更好地爱别人。

女人内心的富足还离不开激情和幽默感的加持。女人们总是充满激情地投入自己的工作和生活中。她们会追求自己的梦想，勇敢地面对挑战；她们会尽情地享受生活的每一个瞬间，不留遗憾。她们会用幽默来化解尴尬和压力，让自己和周围的人开怀大笑。有了激情和幽默感的陪伴，女人们的内心就会充满活力和快乐。

保持本然的状态

无论遇到什么事,请保持最好的状态,因为人生就此一次,无法重来。我们并不需要强作坚强,只需安静下来,保持宁静和笃定,守护好自己干净纯粹的心灵和积极健康的身体。

平时,她们可能会毫不掩饰地大笑,不管是因为一个冷笑话还是一只可爱的小动物。她们会尽情地享受生活中的一切美好瞬间,而不会被社会的压力和期望所束缚。她们会像孩子一样天真无邪地追逐梦想,不顾一切地追求自己的快乐。女人保持本然状态时,她们的笑容是那么灿烂,让人忍不住也跟着笑出声来。

她们也会毫不犹豫地表达自己的想法和感受,不会拐弯抹角地说话。这种直率有时候会让人感到惊讶,也让人感到真诚和可爱。她们不会为了讨好别人而掩饰自己的真实想法,她们敢于做自己,敢于表达自己。这种勇气和坦率让女人更加迷人。

任何时候,丰盈的女人都会展现出自己的自然之美,以最真实的模样示人。这是一种迷人的魅力。

对钱要有态度

钱,可以让我们买到想要的东西,去想去的地方,甚至可以让我们拥有更多选择的余地。但金钱只是丰盈的一方面,金钱不能保障你变得快乐,但丰盈可以,丰盈可以让你变得快乐与平静,丰盈里一定有财富。女人可以不爱钱,但一定要对金钱有态度。一个女人对金钱的态度,会直接体现出她心态的年轻程度,会让人看出她对人生品位的追求,甚至反映出她对生活是否真的热爱。

自我认同

自我认同是知道自己是谁,清楚知道自己能做什么和喜欢做什么,并对自己有相对连续稳定的认知。这个理念最早由心理学家埃里克森提出,他认为自我认同是人生的必经之路。自我认同感高的女人，清楚地知道自己的边界，会选择能带来愉悦与满足的人际关系，从事适合自己奋斗的事业，并平衡社会期待与自身意愿等，从而活出更好的状态。

来一场自我修行

人一生无外乎"修行"二字，任何人或事都是通向修行的路，然而，路也分大路、小路，甚至独木桥。选什么路走需要的是智慧。有些女性年过40岁，却活得像个小姑娘，从状态、外表看不出她的年龄。秘方是什么？是数年如一日地关注自己的身体，每天和自己对话，坚持运动，吃饭注意营养平衡，并将经历的每一件事融入自己的喜悦。这就是女人最好的修行。

对未来有美好期待

问问自己：你对美好生活的期待是什么？你的人生想过成什么样子就心满意足了？什么人和事会触发你内心蓬勃的热情？回归内心，找到这些画面，这些都是内在的指引，是你灵魂深处的需求。接受现实不等于不改变现实，缩小梦想和现实的距离，中间只有一个桥梁，就是全然地相信，没有任何怀疑的全然相信，带着喜悦和感恩。

加倍地信任自己

信心是油门，它将决定你最终生活的丰盈程度，所以"信"是一种能力，需要不断地扩展和建设。勇敢、真实、简洁、扼要地表达清楚你自己想要的是什么。在表达之前，你可能有很多恐惧和担心，觉得不可能，这些都是梦想和丰盈的刹车，不能一脚油门，一脚刹车。

学会不断成长

在某一档节目中，刘嘉玲一段精彩的演讲震撼了不少女人的心。她说："女人的美丽，我觉得从来都是宽容、慈悲，内心强大和对自身认识进化提升的过程，我很庆幸生活在一个可以独立、自立，通过自身努力就可以掌控自己人生的时代。"不断自我成长的女人往往更有魅力，这种魅力来自她们知道自己是谁，来自她们在持续成长的过程中，能够找到与世界和他人最好的相处方式。

所以，不管你有没有钱，有没有时间，都不要让自己放弃成长，成长了，丰盈自然来了，自然能够拥有自己所需要的一切。

从容淡定

如今，社会的节奏越来越快，不少女性经常会为生活焦虑，为工作奔波，为家庭操心，这让她们感到非常苦恼和烦闷，甚至会无休止地抱怨自己的命运，为什么自己现在拥有的比从前多，却找不到当初的快乐？其实，并非你的命运不幸，只是因为你为了生活而走得太急，还带着一脸的疲倦。生活并没有改变，改变的是你的心，是你面对生活的态度，是你的内心少了一份淡定。

冷暖自知

女人是水，你用 0 度遇见我，我即刻成冰。你用 100 度爱我，我才会立即沸腾。你用 50 度对我，我便不冷不热。所以，女人的温度就是"你对我的态度"，冷暖自知。正如一句话所说"如人饮水，冷暖自知"，很多时候，你所经历的伤痛和欢乐，只有自己心里清楚，而能够做到冷暖自知，安放好悲伤，才能宠辱不惊，让自己的心智变得成熟，让灵魂变得丰满。

做一个丰盈的女人，并不意味着要完美无缺。丰盈，是一种积极向上的生活态度。从现在起，让我们一起笑对生活中的困难，保持身心的平衡，享受生活的细节，以及保持幽默感。相信你的人生会因此变得更加丰满和充实！

第七章　丰盈的内心，让生命光辉绽放 | 159

别让匮乏吸引匮乏

你有没有注意到一个奇怪的现象？那就是，当你走在大街上，一脸的无聊和沮丧时，似乎会吸引其他人也带着同样的表情走过来。是的，匮乏吸引匮乏，这是一个奇妙的现象。或许你会说，这只是巧合。其实不然。

当我们心情不好时，往往会发出一种特殊的气场。这种气场就像一种磁力，吸引着和我们情绪相似的人。就像电影中的超级英雄一样，我们可以通过这种气场找到其他人并建立起一种奇特的共鸣。我们会互相吐槽生活的不公，分享我们的烦恼，然后一起沉浸在无聊和沮丧的世界中。

特别是在童年时期，这种现象愈发明显。这也是为什么很多人的做事风格、生活风格，甚至是思维方式等会深受一些童年经历影响的原因。心理学家阿德勒曾说，早期记忆对人影响非常大，会影响一个人一生的生活风格。童年时期形成的物质匮乏、精神匮乏，以及自我认同的匮乏、爱的匮乏会逐渐变成内心的黑洞。

在年幼的时候，很多人曾被父母长期灌输"贫穷"的思想，如"赚钱不容易""钱要省着点花""家里没有条件，也没有背景""你一定要好好读书，将来别让人看不起"……父母认为，你因此会变得懂事，但是他们忽略了，这可能会给你带来一生的自卑。

比如，孩子想买某个玩具，迟迟不愿离开，家长就会大声呵斥："爸妈没那么多钱，你的玩具已经够多了，你知道爸妈挣钱多难、多辛苦吗？"很多人童年都有类似的经历。从小到大，父母总是语重心长地对我们说，钱这东西啊，够花就行了，多了也没用，我们这辈子虽然没钱，但也过得不错。

殊不知，在儿童时期、少年时期形成的"贫穷"黑洞、匮乏黑洞，如果没有被及时填上，在他们为人父母之后，也会投射给孩子，一边说为了孩子，一边却打压孩子。

儿童时期欲望被严格管制，需求没有得到满足的孩子，长大后容易唯利是图，贪钱、贪财、贪爱，以尽可能避免那份匮乏带来的不安全感。在这个过程中，他们很难找到真正的快乐。

小时候，父亲经常向我灌输这样的思想：他都是在石头缝里找粮食吃，养一家人非常不容易，我们还这么不懂事。那时，我幼小的心灵被强行塞入了太多的内疚、愧疚。正是因为这份从父辈那里"传承"来的匮乏，让我成年后极度拼搏，一想到"在石头缝里找粮食吃"，就没有什么苦吃不了，什么罪受不得，浑身有使不完的力气。带着那份匮乏，我没日没夜地工作，无非是想获得一份安全感。

那一段时间，我脑子里想的除了赚钱还是赚钱，只有金钱才能够解锁我的愧疚感——父母为了养活我，付出了太多的艰辛，我一定要好好报答他们，特别是在经济上回报他们。

后来，我接触到心理学，并对自己进行了模拟"画像"、深度"解剖"，渐渐对自己有了更清晰、立体的认知。

我们常说"要穷养儿子，富养女"，其实，穷养、富养跟经济能力和物质的关系并不大，主要取决于精神层面的教育和培养，取决于父母的心态。富养，更多的是精神层面的教育和培养，即使家庭经济条件不是很好，也可以营造和谐、积极乐观的家庭氛围，多给孩子认可，多鼓励孩子表达自己真实的想法，告诉他们"你配得上美好的东西"。在这种环境中长大的孩子，他们更容易变得自信。

比如，不想给孩子买玩具，最好不要厉声说："不要乱花钱，你知道妈妈赚钱有多辛苦吗？"而要和声细语地告诉孩子："宝贝，对不起，我暂时没有能力满足你，这笔钱不能用在这里，我有其他的安排。"如果能有这样诚实的表达，即便孩子得不到心爱的玩具，也不会在心头烙上"匮乏"的印迹。

童年是我们培养快乐和幽默感的时期。如果在这个时期种下了"心穷"的种子，我们可能会成为一个无趣的人。想象一下，当其他孩子在开心的笑声中度过每一天时，我们却只能板着脸，一副冷漠的样子，我们可能会错过与其他孩子分享快乐和幽默的机会，我们的生活将会变得沉闷和单调。

在物质上能够及时被父母肯定、诚实地回应的孩子，长大后会是一个很有力量的人、很有创造力的人。我们的世界外面没有别人，都是自己内心的投射，都是自己内在的信念系统向外发出信号的吸引，所以匮乏吸引匮乏，这份匮乏就趴在我们的脸上，住在我们的心里，体现在我们的做事风格上。

❋ 穿越欲望，让心智成长 ❋

提到"欲望"，很容易想到"欲壑难平"，觉得它太吓人了，所以有欲望也不敢说，不敢面对，只想遏制它。其实，欲望没有你想得那么可怕，你之所以认为它可怕，那是因为不善于控制欲望。

欲望并不一定是坏事。毕竟，人类对于吃喝玩乐这些欲望是无法避免的。但是，当我们沉迷于欲望而忽略了自己的成长时，问题就出现了。

平时，渴了就喝水，困了就睡觉，无聊了就找个消遣，这些欲求很简单，短时间内就能实现。但是很多时候，我们的欲望不能得到满足，比如健康、工作、爱人、金钱等，就开始担心、恐惧、焦虑，欲而不得，就会产生痛苦。

很多女性喜欢包包。如果花上万块买一个A货包，背出去自然有面子，虚荣心可以得到满足。如果花上几十块买一个仿品，背的时候就会提心吊胆，生怕识货的人看穿。于是，很难享受到那份欲望被满足的感觉。

同样的道理，有些女人买衣服，经常在便宜货里挑来挑去，会为自己捡到实惠，买到"高性价比"的衣服得意半天。隔三岔五买一件回来，挂的到处都是，即便这样，还是觉得"缺衣服"。

真的缺衣服吗？当然不是，是欲望没有被满足。你买一堆垃圾回来，既穿不出品位，也穿不出档次，自然心里好似缺点什么，只要你不买优质、高品位的服装，这个欲望的黑洞就一直在。这种"匮乏"的背后，是没有真正觉察到自己内在需要什么。有没有解决的办法？有，那就是买几件合身的，自己喜欢的高档、有品位的服装。当然得有一个前提，你得有经济实力，否则，你又会对金钱产生欲望。

有些人可能会说，这不是欲望膨胀了吗？膨胀有什么不好！欲望是一种能量，我们不但保护它，还要让它成长，进而穿越欲望、消除匮乏。

想象一下，你是一个热爱美食的人，每天都会追求各种美味佳肴。但是，你总是吃得太多，导致身材走样、健康受损。这时候，你就需要穿越欲望，让心智成长。你可以尝试控制自己的食欲，选择更健康的饮食方式，让自己变得更加强壮和健康。

或者你是一个购物狂，总是追逐最新的时尚潮流。但是，你的银行账户却一直告诉你，你的欲望已经超过了你的承受能力。这时候，你就需要穿越欲望，让心智成长。你可以学会理性消费，寻找更加经济实惠的购物方式，让自己的财务状况变得更加稳定。

在平时，我们该如何穿越欲望、消除匮乏呢？关键有三步。

第一步，接纳需求。 找到你内在真正的需求是什么，看清你的需求，然后接纳你的需求，以及那份因需求得不到满足而产生的痛苦。

第二步，表达需求。 欲望每个人都有，但又不能说出来，好像这是一种不可说的东西。那不说它，忽视它，它是不是依然还在那里？所以不要一味抗拒、遮掩，要勇敢地面对你的需求。更何况希望自己没有欲望，这个想法本身就是一种欲望，贪欲会让我们痛苦。欲望本身没有好坏，不要去否定或者批判你的欲望。

第三步，让欲望成长。欲望是你内在的指引，指引你去该去的地方，去遇见该遇见的人和事。所以，不要压制自己的欲望。

在马斯洛的需求理论中，将欲望进行了分层：

第一层是基本生理需求，包括性、衣食住行。

第二层是安全需求，对财产安全、健康安全以及社会治安的安全需求，以及保护你整个资源的安全。

第三层是叫情感需求，在情感里，比如说有一种互相依存的关系，渴望彼此的关心、照顾、交流、亲密无间的爱。

第四层是被人尊重的需求，这种需求迫使你想去创造财富、事业、社会地位，有成就，就被人看好，就会被尊重。

第五层是自我实现需求，也是自我实现的欲望，就是一个人的理想，实现自我的抱负，怎么能把你的能力价值发挥到最大程度。

其实，这第五层需求之上，还应有一个层次，我们可称为"自我超越的需求"。在这一层一层递进的需求里，你可以自我评估一下，自己的需求都在哪一个层级。

通常，普通人一生的大多数需求都只停留在第一个层次，即基本的生理欲望，基本的生理需求，有时候会到达第二层或是第三层。

在这几个层级当中，每个层级的欲望需求在得到满足后，都会让我们感到开心。一旦需求得不到满足，便创造了一个匮乏，产生了痛苦。当然，有时候即便我们的欲望得到满足，还是开心不起来，这是为什么？因为没有让欲望成长。

一位哲学家说过，人生最痛苦的不是想得到的东西得不到，恰恰是得到你想要的东西后，还是不高兴。我们身边是不是有很多这样的人，有钱有事业，家庭关系也不错，儿女也不错，可就是不开心。

无论你现在是哪一个层级，你都要知道未来的方向在哪里。即便现在沉迷于最原始的欲望,也要知道它只是一个最基本的动物创造生命的需求,然后你应该开始追求事业了,这就到达了第二层需求,对财富开始有追求了。

然后到达第三层、第四层,每一步你都要非常明白你在干什么,即使你在这个欲望里,你也要明白你在干什么,你要知道未来的路在哪里,这就是让欲望成长。

这时候,你就不仅仅限于你自己的那点事,而且要看得更长远。不断对欲望升级,你就会不断往上看,先从你的家庭看,然后往团队看、往公司看,接着往社会看……世界上为什么很多富豪会把自己的财产捐出来?扎克伯格和他的夫人把他们财富的99%都捐出来,成立基金会,研究怎样让未来的孩子不得病,满足这个大的欲望会让他们更高兴。

你可能会说,"如果我像他们那样有钱,我也会捐。"真的是这样吗?你现在一毛都不想捐,只是因为你没有钱吗?你想过没有:为什么这些人会选择奉献社会,他们的共同点是什么?除了有钱,他们都有大爱、有格局。也正因为这样,他们才会赚取并掌控更多的财富,这是不是有点像鸡能生蛋,蛋能生鸡?

总之,我们不能一味将自己困在低层次或是低级的欲望中,贪吃、贪爱、贪性、贪财,那只能表明你的匮乏,而要让欲望不断成长,并随着欲望的成长,不断提升自己的格局。如此,才能更好地滋养自己的心灵,才能潇洒地驾驭自己的人生,而不会因欲壑难平而痛苦。

释放细胞记忆，自我疗愈

细胞，不仅是人体的基本构成单位，还拥有着自己的记忆。听起来有点匪夷所思。如果这些细胞总是记住一些负面的事情，那可是一件糟糕透顶的事情。

每个人的情绪和记忆是不同的，这除了与原生家庭、成长环境、教育背景有关外，还与细胞记忆有关。从出生那一刻起，我们的生命就不是空白的，它像是一个已经记录了很多信息的移动硬盘，我们可以把这些信息称为生命密码，它们携带着祖先的遗传信息，其中既有正面的，也有负面的。

基因学证明，我们父辈的所作所为，都会显现在我们的DNA上，所以我们刚来到这个世界的时候，并非一张纯净的白纸，而是带着"程序"来的，然后我们又从父母、家庭和接触到的所有人那里，如亲戚、朋友、幼儿园老师、小学老师等那里"下载"更多的"程序"，这些程序都会写在DNA里。

DNA是来承载记忆和信息的，DNA中哪怕微妙的变化，都会给动物、植物的生长发育带来巨大的变化，这也叫作DNA的突变。科学研究发现，猴子、猿和人类几乎拥有完全相同的DNA，但是相貌差别巨大。

从医学的角度讲，每时每刻，我们身体的细胞都在进行主动的自我更新，也就是新陈代谢，例如皮肤更新周期是 28 天，胃黏膜是 7 天，血红细胞、红细胞是 120 天，肝脏是 180 天，11 个月之后，几乎 98% 的细胞都更新了，所以我们可以在这种更新里进行重新调整。

《水知道答案》一书里讲，只要我们改变自己对体内水分的态度、状态，将之调整成感恩和喜悦的，身体也会跟着发生改变，过一段时间，会看到可喜的变化。

过去，我们很少会刻意这么做，所以每天都一个样，而且还相信，随着年龄越来越大，身体会逐渐衰老，"岁月不饶人"。

既然爱和喜悦能够滋养我们，那我们为什么不用这个方法去清理和释放累生累世以来的负面的细胞记忆，让每一个细胞都能感受到健康、长寿、喜悦、美丽呢？在这个过程中，我们要幸福地做事，优雅地生活，让身体的每一个部位都得到放松。这样，我们就可以不断地重建自己，疗愈自己。

当细胞不断地释放负面的记忆时，你的身体会变得越来越健硕，皮肤越来越光滑，肌肉越来越富有弹性，骨骼越来越坚韧，关节越来越灵活，经络越来越畅通，韧带越来越柔软。你可以全然地放松，做任何你想做的动作，如一些动作难度较高的舞蹈、拉伸、瑜伽，或是尽情地跑、尽情地跳，不知疲惫，充满活力，去体会身体的灵动活力和柔软。

另外，还有一种方法，叫圣多纳疗法，又名圣多纳释放法。这种疗法源于一个天才级的人物，他的名字就是圣多纳。这个方法有助于释放过去累积的负面情感和细胞记忆，帮助你清除体内压抑的负面能量。经过清理，你会变得更自在平和。随着清理次数的增加，你会逐渐感到自由安宁，头脑清晰，精气神越来越好。

圣多纳疗法的关键是黄金六步，它是整个圣多纳疗法释放课程

生命能量层级图（频率）

- 700~1000　开悟　· 人类意识进化的顶峰，合一、无我
- 600　平和　· 内外分别消失，一种通灵和永恒的状态
- 540　喜悦　· 耐性、慈悲、平静、持久的乐观
- 500　爱　· 聚焦生活的美好，真正的幸福
- 400　明智　· 科学、医学概念创造者
- 350　宽容　· 自己是自己命运的主宰
- 310　主动　· 全然敞开，成长迅速，真诚友善
- 250　淡定　· 灵活和有安全感
- 200　勇气　· 有能力把握机会
- 175　骄傲　· 自我膨胀，抵制成长
- 150　愤怒　· 导致憎恨，侵蚀心灵
- 125　欲望　· 上瘾，贪婪
- 100　恐惧　· 妨害个性的成长
- 75　悲伤　· 充满对过去的懊悔、自责和悲恸
- 50　冷淡　· 世界看起来没有希望
- 30　内疚　· 导致身心疾病
- 20　羞愧　· 严重摧残身心健康

高能级的力量

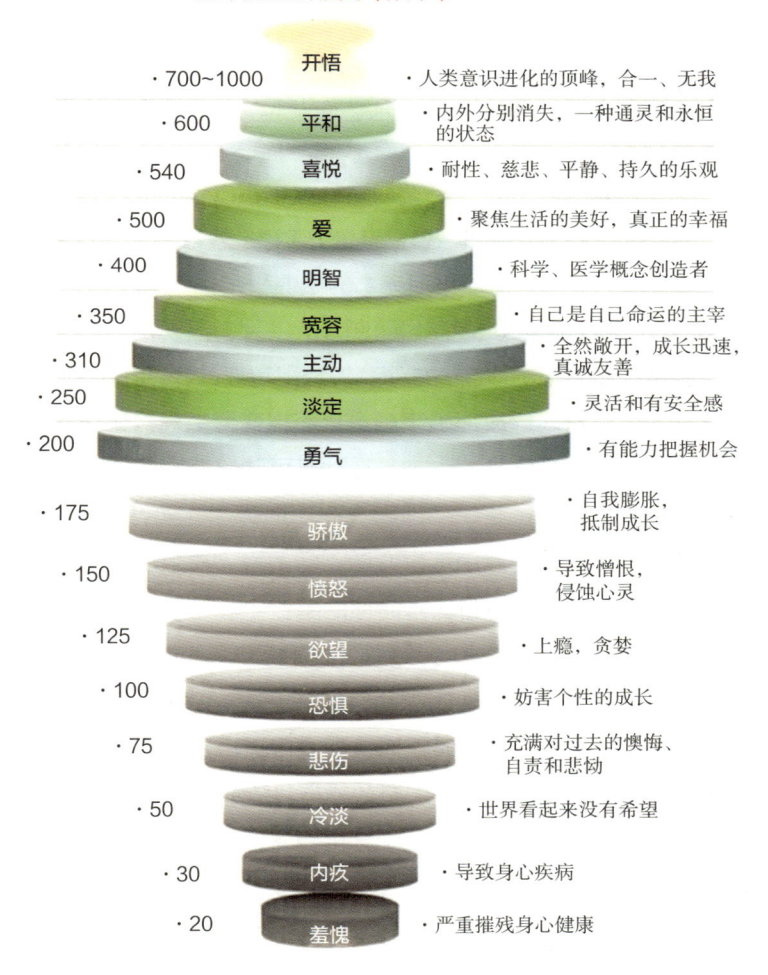

在人类社会，少数高能级的人的能量等同于大量低能级的人的能量总和。
一个能级 300 的人相当于 90000 个能级低于 200 的人
一个能级 400 的人相当于 400000 个能级低于 200 的人
一个能级 500 的人相当于 750000 个能级低于 200 的人
一个能级 600 的人相当于 10000000 个能级低于 200 的人
一个能级 700 的人相当于 70000000 个能级低于 200 的人

的精华和总结。

第一步，想要不受限制的自由超过想要其他的一切。

第二步，下一个决定，让自己通过这个方法获得无拘无束、轻松自在的感受。

第三步，看到您所有的感受都是三大基本欲望的表现形式：想要被认同／被爱、想要控制、想要安全／生存。释放想要被认同／被爱、想要控制，直到最后放下对死亡的恐惧和忧虑。

第四步，随时随地、持续不断地释放。

第五步，如果您觉得被困住了，请放下想要改变困境的欲望。

第六步，随着您释放得越来越多，您将变得更轻松愉快、更有活力，甚至达到超越幸福的状态，得到不可动摇的宁静和不受限制的自由。

现在，我们来试着运用这个方法：闭上眼，请想出一个生活中困扰你的人或一件事，并将头垂向你的感觉中心——胸腹部，这个动作有助于你开启清理模式。然后将想象中的管道伸入那股令人讨厌的能量中，将管塞打开，让能量尽情喷出来，现在让更多的东西喷出来，多点，再多点。这时，你是否变得轻松了一点？是否少了些心塞的感觉？的确，这是一种有效的自我疗愈的方法。

要拥有丰盈的内心，一定要学会自我清理，学会释放负面细胞的记忆，并安装美好的信息，注入积极的能量——丰盛、感恩、喜悦。当然，释放负面细胞的记忆并不是一件容易的事情，但我们可以通过一些方法来帮助自己。无论是放松活动、积极思维还是笑话，都可以帮助我们摆脱负面情绪的困扰。

感恩洋溢，创造奇迹

在生活中，你对他人是抱怨多，还是感恩多？对生活是抱怨多，还是感恩多？对事业是抱怨多，还是感恩多？

很多时候，我们都是身在福中不知福。大家都明白感恩，都会讲感恩，甚至也在教你的孩子感恩，那到底什么是感恩呢？在《爱与感恩的无限力量》这本书中，作者是这么说的：感恩就是不带丝毫评价地去生活，感恩的心态使你能够把所有的经历看成机会，不再把自己看作是环境的受害者。

感恩是一种非常美妙的情感，它让我们意识到自己所拥有的一切。就像你在一家餐厅吃到一顿美味的大餐后，你会感激厨师的精湛技艺和服务员的热情招待；你在寒冷的冬天里感受到温暖的阳光，你会感谢太阳的存在。感恩让我们看到生活中的美好，让我们更加珍惜所拥有的一切。

感恩，是不带丝毫评价的生活，是全然地去审视自己的生活。我喜欢我的工作，不评价工作的好坏，就是喜欢我的工作，我爱我的孩子，我的生活如此美妙，今天的天气真好，今天妈妈做的早餐真好吃，老公真是一个值得我爱的男人，这种由衷的感受就是感恩本身，它会吸引更多的人、事、物到我们的人生中，像吸铁石一样带着磁性，而且你的这种情感越浓烈，吸引来的福报就会越多。

感恩是认可的力量，感恩更是创造的力量，它引导你将注意力放在你已经拥有的和想创造的事物和结果上。当我们发自内心地感恩，你会发现内心变得平静。

如果我们总是将焦点放在匮乏的地方，而不懂得对已经拥有了的事物感恩，那我们的生活会少去许多美好。想一想，我们从小是怎么看待"感恩"的，可能我们父母恨铁不成钢，说教我们"你要知道感恩啊"，也可能你的朋友建议说，"你要懂得感恩啊"，也有可能你的老师语重心长地说，"你要学会感恩"。其实那个时候，我们对"感恩"的认知还比较模糊，甚至有些不解：为什么要那么做？仅仅是因为自己是个孩子吗？

感恩是一种自发的力量，而不是被动地去"回报"什么，不理解这一点，当有人对你说"要懂得感恩"，你潜意识可能会觉得：是不是我亏欠了别人什么，是不是让我掏腰包？

其实，"感恩"不是"交换"。感恩是心甘情愿地付出，没有索取，没有负担，因为付出会让人更快乐、更喜悦。感恩并不一定是物质上的表示，也可以是一种心境，你很舒服就是感恩了，你很幸福就是感恩了，你很接纳就是感恩了，你全然地专注当下、享受当下就是感恩了，越全然越感恩洋溢，然后把这种美好的能量放在身上，这就是感恩，所以感恩不是交换。

感恩，就要接受当下，而不是抗拒当下，感恩本身专注的就是已经拥有的，而不是欠缺的，感恩是专注于创造，不是基于恐惧，创造会让我们有安全感。当我们能够全然地、心无旁骛地去感恩，我们的内心就是丰盈的——身体会放松，心里会涌起一股暖流，这股暖流充盈着你的全身，你就不会再有张牙舞爪的状态，既温柔又顺畅，因为被感恩的暖流滋养后就是爱，你的心里只有爱，这不就是人见人爱的状态吗？你是不是也喜欢这样的朋友？老公是不是也喜欢这样的老婆？

所以，我们一定要学会感恩，不要只是把"感恩"挂在嘴边，它是一种积极的、美好的情感。当然，这种情感是可以训练的——训练感恩的神经链。当我们学会感恩，它是一种能量，每次流出去之后，总是会带进更多的能量。如此往复，会形成一个能量闭环，而且让我们拥有的能量越来越多，并为我们的家庭、事业、人生带来好运。

这里，我想和大家分享一句话："感恩是一种超能力，创造奇迹是一种天赋。"所以，让我们用感恩的心态去创造属于自己的奇迹吧！

第八章

幸福属于聪慧的女人

要对错，还是要幸福

身边的一些姐妹们经常会问我这样的问题：作为女人，是要对错，还是要幸福？我的婚姻目标是什么？婚姻里面的目标是什么？

在回答之前，我总是会听听她们的答案，她们可能会说，"要互相理解、互相包容""要有钱""要懂你""要理解""要支持""要彼此尊重"……这些都没错，合起来就是要"快乐、幸福"，这应该是多数人内心共同的目标和想法。

但是，很多人过着过着，就偏离了努力的方向。于是又跑来问我："我要怎么做？"我会说："你每天所说的每一句话，所做的每一件事，都指向幸福吗？如果不是，那你都在什么地方使劲呢？你每天努力把自己塑造成一个什么样的形象呢？你塑造的这个形象和你想要的幸福有关吗？很多时候，你是想要幸福，但是走着走着，就不自觉地要赢对方。这时，你的目标不是'幸福'，而是'搞定对方，赢了对方'。"

听到这里，她们会恍然大悟。

的确，很多女性在婚姻中的一个重要目标就是"赢"，就是想证明你自己，于是处处表现得比对方强，比对方厉害。当初结婚的时候，可不是想着一定要在家里战胜你，要成为家里的女王。同样，他也一定不是说"我在家里要大男子主义，我要控制你的一切"，而一定是想着执子之手，与子偕老，幸福地走完这一生。

但是，过着过着就忘了初心，慢慢变成了要赢过对方，我比你厉害，我比你强，我得向你证明我比你厉害，你得听我的，这家里我说了算，走到这儿，还是幸福吗？当然不是。

有一位女士嫁给老公的时候，非常欣赏老公的才华，他有学识且儒雅，是个技术牛人，也正是因为欣赏和崇拜老公，所以才嫁给他。但是结婚不到一年，她就变了，变得不再欣赏老公，而是要赢过老公。

她非常优秀，有自己的公司与生意。因为老公从事的是技术工作，比较稳定，没有什么大的成绩。渐渐地，她开始瞧不起老公，觉得自己越来越厉害，于是，开始在家里不断地打压老公。有时候，还会在别人面前"矮化"老公，希望借别人之口说"你真厉害""你是一位成功的女性"等。

这样的婚姻会幸福吗？虽然她赢了，老公服了，别人也觉得她厉害，但是她因此丢了幸福。

在婚姻中，女人要学会与老公一同成长。如果对方在婚姻中不断成长，在工作、事业、社交圈中越来越有见识经验、学识历练，但是你一直停留在原地，"我不会呀""你得管我，你得证明你很爱我""我得证明我在你心中很重要"……用不了多久，你们之间在认知方面就会产生距离，这样，婚姻就可能变得不对等、不平衡，甚至会给对方带来压力。

我们经营婚姻的目标和方向是获得幸福，在实际生活中，说的每一句话，做的每一个动作、每一件事，都不能偏离"幸福"这个目标。

那怎样才能幸福呢？

首先，你得有一个决定。这个决定是什么？是"我要幸福"。如果没有这个决定,你可能依然会放纵自己,甚至通过冷暴力,或是PK的方式来证明"我为这个家付出得更多""我才是一家之主"等。

其次,要思考如何去做,并在日常行为上有所调整。如果"非赢不可"不能把你带到幸福的彼岸,一定要多想一想,自己到底哪里做错了,要怎么去调整。错了就要反思,就要尝试不断去改变自己。

在婚姻生活中,什么对错,什么谁听谁的,这些东西不重要,通往幸福之路的每一次成长,每一个小台阶才重要。一个在婚姻生活中不断成长的女性,不仅会给家庭带来财富、幸福,也会改变家族的命运。

用赞叹喂饱灵魂

没有人不喜欢被人赞叹，赞叹是一种胸怀，是一种格局。人生的高度取决于格局，所以格局大的人，自然恩典就多。在生活中，你是否经常对别人有过赞叹呢？

通常，格局小的女人不习惯，也不愿赞叹他人，即使表示对某人的欣赏，也不忘加上"然而""但是"。这可不是真正的赞叹。比如，你夸对方很有能力，但是又会说："还要感谢领导给了你表现的机会。"

当我们能够再全然地表达，"有你真好啊""你真厉害啊"等，不只是谦虚的表现，其实也是对自己内心的一次洗礼。如果你不愿意赞叹、不会赞叹、勉强赞叹，甚至对赞叹颇有异议和微词，现在一定要改，改成由衷赞叹、全然赞叹。赞叹本身就是能量，赞叹本身就是感恩，赞叹本身就是喜悦。

小时候，特别缺乏赞叹，特别不会爱，从小到大父母也不会赞叹我们，多是一些批评打压等错误地表达爱的方式。不断地说教，只会带来更多的问题。也有一些人想赞叹，但是不好意思说出口，这就需要不断练习。

你赞叹别人一句，那是不是对方就真的变好了？未必。我们知道"吸引力法则"，意思是你想什么就会吸引什么，你关注什么就会吸引什么。如果你关注的是别人的优点，那你给出的爱越多，你的能量场就越大，你的能量场中充满爱的人和事物就越多。换句话说，就是你关注什么就会得到什么，你的注意力在哪里，你的结果也就在哪里。

你说不好听的，只会让事情变得更坏，你赞叹别人，至少让你因为赞美而产生了良好的沟通和交流。赠人玫瑰，手有余香。就像你用一束光照亮了别人的生活，同时自己的心田也会被点亮。有时候，一次发自内心的小小赞叹，也会铸就大爱的人生舞台。

在家庭关系中，很多女性有一个毛病，就是不知道赞叹自己的老公，也不会赞叹自己的老公，而是天天数落，有的甚至天天都想把老公踩在脚下，各种嫌弃。

每天关注那些不好的事情，影响夫妻关系。这是你想要的吗？当然不是。记住，要适当赞美老公，洗去诟病的缺点，在爱情的旅途中才能晴空万里。

能把日子过得红红火火的女人，她们做妻子有妻子的样，做妈妈有妈妈的样，做女儿有女儿的样。很多时候，她们做的事情只是坐回自己的宝座，成为自己应有的样子，而不是成为丈夫的批评者、孩子的导师。

关注老公做得好的地方，并赞叹它，既是一种能量支持，也是一种爱的滋养。如果实在找不出什么可赞叹的，就赞叹他的好看，个子挺高，身材也很魁梧……这样，可以一点点打开赞叹的通道、赞叹的格局。

当然了，孩子也是需要赞叹的。如果孩子从小也没有获得赞叹能量的滋养，内心会变得特别匮乏。很多孩子不爱吃饭，身材瘦小，干什么都没劲，学习也需要被督促、需要被辅导，虽然很努力，但成绩一直上不去。也有的孩子没有什么兴趣爱好，也没有自己擅长的领域。很重要的一个原因，是缺少父母的鼓励与支持。所以不要天天说孩子的问题，要尽可能多地发现孩子的优点，然后给予饱满的赞叹，让孩子获得美好的心灵体验。

从现在起，要学着做一个有格局的女人，一个充满爱的能量的女人，一个愿意赞叹的女人。当你随时随地给出赞叹，用赞叹的能量滋养他人的灵魂时，也会吸引越来越多你喜爱的人和事，让你的能量场越来越饱满。

❋ 发现生活之美 ❋

在快节奏的生活中，因为各种压力，我们的情绪很容易变得烦躁、压抑、失落。只要稍作留意就会发现，不少人是一个劲儿地"郁闷"，这也郁闷，那也郁闷，真郁闷时郁闷，心情大好时也说郁闷。许多时候，人郁闷了，心情就会变差，心情差了，整个人的能量场就会降低。结果，形成恶性循环。

在一家装修比较讲究，也较有档次的西餐厅，一位相貌端庄秀丽，穿着非常时髦的中年妇女，和她的丈夫在一同用餐。看得出来，她们拥有不错的经济条件。

在用餐过程中，太太一直板着脸，有时还紧锁眉头，连着抱怨几句：

"这道菜怎么烧的，真是难吃死了！"

"真是吵死了，路边都是些什么人在嚷嚷？"

"都和服务员说了三次了，还不过来换餐具。"

显然，她的心情有些糟糕，心思不在吃饭上。而对面的丈夫不言不语，一边听她絮絮叨叨，一边慢慢享用。

见丈夫没有理会自己，她吵得更厉害了："你不要只顾着吃啊，快去把老板叫来，我要问个明白。"

丈夫看了她一眼，笑了笑。他面容和蔼，温文尔雅。虽然他觉得太太有点失礼，但是不知如何应对，只是说："你尝尝这个，味道还不错。"

太太瞪了他一眼，说："哪有心情吃啊，我说不来这家，你非要来……"

一桌精致的饭菜，却没有吃出好心情。在他人看来，这位女士虽然举止优雅，且拥有姣好的容貌，但是她喋喋不休的抱怨，无形中会改变别人对她的初始印象。

任何时候，一个人的情感、形象、素质都体现在一言一行中。很多职业女性，拥有一定的职位、资历，且在教育、晋升、婚姻、薪酬等方面也不差。在常人看来，这样的女性应该享受更多的幸福和快乐，其实不然，她们当中不少人却是"郁女"一族。

"真是烦死了，工作越做越多！"

"老板不地道，这个周末又让我们加班？"

"唉，你们说现在的渣男怎么就这么多，好男人都去哪儿了？"

"每天上班，路上都堵得要命，郁闷死了。"

……

有些女人因为情感，或是工作问题而让自己抑郁不已，不论做什么事，都会去假想最坏的结果，都会担心自己会输，结果，总是生活在自己给自己设下的心牢里。似乎在她们的世界中，一切都是灰色的，包括心情。她们即使人到中年，依然不成熟，计较太多、抱怨又多，总以为是幸福把自己抛弃了，其实回过头来想一想，是她们亲手把幸福抛弃了。这样的人，总是很难发现生活中的美，再优越的条件也唤不起她们对生活的激情。

即使我们真的很不幸，心里也要有阳光，眼睛也要看到生活之美。正如罗丹所说,"世界上并不缺少美,而是缺少发现美的眼睛。"家里面井然有序,窗明几净,各种家什摆放错落有致,这是一种整洁的美;端庄秀丽,静谧可人,这是一种沉静的美;落落大方,清新自然,这是一种自信的美;平和洒脱,超然物外,这是一种闲适的美;粗犷豪放,不拘小节,这是一种大气的美。尤其在生活趋于平淡的时候,要试着去发现它的另一种美,去放飞自己的心情。

  时下,要活出自己的精彩,必须要有平和、积极的心态,要有过硬的情感驾驭能力。如此,我们才能看到世间更多的美好,才能追求精致的生活,才能用心去体验美妙的人生。

第九章

我是一切的根源，爱是最终的归宿

男子自强不息，女子厚德载物

“男子自强不息，女子厚德载物。”大意是，男人应该是阳刚的，努力向上的；女子应该是温柔的，宽厚的。传统观念认为，这是婚姻、家庭稳定的基础。

女人的职责是滋润、滋养、孕育、接纳，就像大地母亲一样荣养万物。她们的本分就是给予这片土地无条件的爱和滋养，孕育出参天大树、鸟语花香，当一个女人通过学习变得越来越温良，她的能量就会越来越纯净，会吸引越来越多的阳性能量，如此，整个家族就会被她散发的能量所包容、所影响。

那些活得幸福的女人，福气深厚的女人，都有很好的德行。对身边的人总是很好，会说好话，会带给身边的人正能量，也会给喜欢她的人力量。所以，女人这一辈子，一定要注意德行修养，只有厚德才会享厚福。

那么如何做一个有德行的女人呢？

塑造好性格

无论过去还是现在，人们都推崇女人应该温柔贤淑。女人如果能够扮演柔的一方，男人才好扮演刚的一方。女人学会刚柔相济，对于处理同事关系、家庭关系都是非常有利的。柔的表现包括同理心、体谅、宽容、体贴、细致，在事情和人的矛盾中更关注人。

培养高雅情趣

有一句话叫"漂亮的皮囊千篇一律，有趣的灵魂万里挑一"。长得美，灵魂未必美。要培养高雅的情趣，平时要多阅读，多欣赏一些音乐或美术作品，或是学习舞蹈、园艺、美食、摄影等方面的技能，或是参与一些公益慈善活动等，减少或摒弃低俗的情趣，包括酗酒、睡懒觉、沉溺于网购、沉溺于电子游戏，以及八卦等。

养成好的习惯

再美的女人也会随着时间的改变老去，但是老去的是年龄，不变的是气质，是德行。一个有良好德行的女人，一定有着良好的生活、工作习惯，如做事有始有终、讲究个人卫生、生活作息规律、待人接物注意礼节等。这些好的习惯多是在小时候养成的，与原生家庭的教育有重要关系。

谈吐得体

有一句话说得好："好命的女人不一定会说话，会说话的女人一定好命。"会说话的女人，真的是一开口就赢了。一个有德行的女人必然谈吐得体，懂得什么情况下说什么话，跟什么人说什么话，该说时一定说，不该说时一定不要说。说话语气要和气，音量不要太高，但要确保对象能不费力地听见，用语准确优雅。

举止优雅

优雅的女性身上总是散发着独特的魅力，她们站有站相，坐有坐相。交谈时，不用手指别人，长辈或领导讲话时不用背对着。吃饭时再饿也不狼吞虎咽，注意饭桌礼节……举手投足间都显露出个人的涵养。看着她们，就像欣赏一幅画。

有文化修养

从"修"的字体演变来看，攸，既是声旁也是形旁，是"悠"的省略，表示缓慢、从容。可见，修养是个慢功夫。如果你希望成为一个有文化修养的女人，首先要养成阅读的习惯，不断提升文化素养，不仅要涉猎经典，还要阅读具有时代代表性的书。要随着年龄增长阅读与自己年龄相适应的书，要随着生活的变化阅读相应的书，要随着工作的变化阅读相应的书。

改变落后观念

思想观念是人一切行为的基础性决定因素，有修养的女人会注意不断更新自己的思想观念，吸收先进思想、进步思想，抛弃落后思想，比如"多子多福""嫁汉嫁汉，穿衣吃饭"等。

德行，是一个人高品质的人格底色，会为你的个人魅力加分。一个有德行的女人，不论年岁、容貌、社会角色如何，她本身的存在便是一种幸福，而且她有资格匹配更美好的生活，人生之路也会越走越宽。

❋ 此端的改变带来彼端的改变 ❋

研究发现，整个世界、整个宇宙都是一个看不见、摸不着的能量场，万事万物都有自己的能量、自己的频率。所有的这些能量交织在一起，会形成一个网，其中任何一点的变动都会引起其他地方的变动。换句话说，在无形能量场里，任何一点改变都会对整个能量场产生影响。

人类内在的各种念、品质会影响整个地球的能量场，如果我们内在的念平和、喜悦、感恩、满足、富足，地球就国泰民安，社会就繁荣昌盛。如果我们的内在越来越混乱，内在的能量越来越失衡，内在的想法越来越极端，那它们就会带来自然灾害。

有人不理解，认为这种联系很牵强。其实不然，科学家早就做过一些测试证明了这一点。1993年《前卫杂志》发表了一篇研究报告，描述的是军方的一个实验，即从一个人的口腔中用棉签取一些黏膜细胞，然后把它拿到另外一个房间，用仪器去测试这些口腔黏膜细胞DNA的变化。

结果发现，当这个人情绪变化的时候，神奇的一幕发生了：放在另一个房间的从其口腔取下来的口腔黏膜的DNA，竟然跟这个人的情绪波动是同步的。

如果让它们相距更远的距离会怎样？科学家将其拿到几百米

外，其结果还是一样。那些离体 DNA 和受试者身上的 DNA 的表现存在着同步性。

量子物理学家们经过研究发现，两个量子一旦纠缠过，也就是说曾经接触过，然后将它们分开，不管相距多远，一个量子的状态发生改变，另一个量子的状态会同步发生改变，而且没有时差。

现在，我们来思考这样一个问题：我们身边谁是你最大的离体 DNA？是不是你的父母，是不是你的孩子？当然是了。那老公有没有我们的离体 DNA 呢？当然有了。哪怕是只握过一次手的陌生人，他的手也会黏上你的离体 DNA，像你坐过的椅子、摸过的桌子、用过的物品等都含有你的离体 DNA。

或许是因为这个原因，或许是因为情绪会感染，在你不高兴的时候，你也发现你的老公好像也不高兴，你积极努力的时候，他也好像很努力。

为了更好地理解这种"此端的改变带来彼端的改变"现象，须把握好以下三个问题。

每一个他人都是你自己

在这个世界上，万物一体，每一个他人都是你自己，外部的每一个环境都是我们内在的投射，是因为此端我们变得不高兴了，彼端才不高兴了。这就像打高尔夫球，只要我们在动作上做细微的调整，就会使球的落点发生很大的改变，即此端的改变带来彼端的改变。

如《前卫杂志》上面一段话所说："这个世界就像一个迷宫，无论你走到哪里，你看到的都是不同装扮的自己，你每天都在跟不同版本的自己打交道，假如你遭受了任何人的恶意，那是因为你的那个自己陷入了困惑，你要做的就是去帮他一把，让你的那个自己恢复成本来就高兴的样子。"

现在，让我们回到源头，来调整我们的本源，即一切的源头，那本源是什么呢？是我们的心灵，它是一切行为的原动力，我们心灵内部的思想、信念、态度、情绪都会发出频率，这些频率同步我们自身细胞的频率，也就是我们 DNA 的频率。

细胞的振动频率与我们的心灵状态同步，这也是身体不会说谎的原因所在。身体能直接反映心灵，当我们心灵充满爱的频率，就让我们的身体感到温暖、柔软，身体会涌起感恩的暖流。当我们悲伤时，悲伤的频率会让我们心如刀割、浑身无力，当我们愤怒时，愤怒的频率会让我们痛苦，让身体变得僵硬。那有没有办法改变呢？方法很简单：深呼吸一下，给自己内在腾出一点空间来看清真相——原来，那个彼端只是反映出了此端这个内在的、真实的"我"，而并不是我们以为的那个自己。走进我们的内在，让心静下来，你会发现：那些能够卡住我们人生的各种问题，其答案全在我们的内在。

走进内在世界，看到真实的自己

佛经上说，"梦幻泡影，娑婆世界"，其实是说我们没有走进内在世界，看到的外在的东西都是不真实的，外在呈现出来的只是一个虚幻的世界。

我曾经一直以为自己是一个快乐、阳光、大气的人，可是当我进入我的内在，看到真实的自己，才发现从小到大没有一天为自己活过，我每一天都在为讨好别人而活，自打记事起，我就非常拼命，努力想成为父母喜欢的孩子。上学后，我拼命表现，想成为老师喜欢的学生，希望当上班干部。进入职场，我拼命表现，想成为最出色的那一个。结婚后，我拼命想成为老公喜欢的那个妻子、孩子喜欢的妈妈、公公婆婆喜欢的儿媳妇。创业后，我还是拼命表现，时刻想成为别人赏识的老板、合作伙伴。

我们的内在是什么样子，我们就是什么样子，我们的孩子就是什么样子，老公就是什么样子，身边的朋友就是什么样子——其实，你身边"没有"人，有的只是一面面镜子。当你认为别人不好的时候，你要照照这些镜子，你看到的别人就是你眼中的自己，是你的内在。你的内在不好，你看到的人便都有了问题。当你看到彼端的问题时，一定要注意：你的内在也出了问题。与其耗时费力去改变彼端，不如反省自己，改变此端。

举一个例子。孩子成绩不理想，你着实有些头疼，如果成绩再差一下，你可能会大发脾气。你以为这是孩子的问题，是孩子的成绩让你抓狂。其实不然，你和孩子的关系，其实就是你和自己的关系，你对孩子不满，其实是对你自己不满。因为你对孩子有过高的期望，而他的成绩与这个期望值是有一定差距的，请问：这个差距是怎么来的？原本它是不存在的，是你制造出来的！

不要急着批判，要思考它是怎么来的

在生活中，我们对别人的挑剔，其实都是对自己的挑剔。对别人的抗拒，其实是你自己内在的抗拒。因此，当我们看到别人的问题时，不要急着批判，而要思考它是怎么来的，即根源在哪里。因为此端的改变带来彼端的改变，此端是彼端的根源，而那个根源就是此端的思想、信念、情绪。

彼端从来都只是此端的一面镜子，它可以照出此端的样子。我们看到的他人的所有问题，其实都是因为自己出了问题，如果我们内在没有问题，也就看不到这些问题。内在的问题就是内在的伤、内在的坏、内在的错。

所以不要去轻易改变别人，他们是我们的镜子，你脸上不干净，

拿着毛巾拼命地擦拭镜子有用吗？曾经，你是不是在努力地改变孩子、改变老公、改变父母、改变单位、改变社会，你的劲儿使向了哪里？是不是都用在了擦镜子上？一边擦还一边说"怎么这么脏"，擦了半天还是擦不干净，干脆把它给砸了——你打孩子、骂孩子，训老公，甚至离了婚，或是在单位把领导得罪了，然后你辞掉了工作……所有这些，都形同于在"砸镜子"。

　　镜子是砸了碎了，但你的脸干净了吗？你换了地方，换了老公，可是你发现，脸还是那张脸，脏兮兮的，因为你唯一没有做的，就是去审视并改变你的内在。记住，外面没有别人，全是自己，我们和世界的关系都是自己和自己的关系，此端的改变带来彼端的改变。

❋ 独处时照顾好自己，相处时照顾好他人 ❋

在生活中，一些女人似乎总是寄希望于男人的陪伴来填补自己空洞的内在，结果发现，这种方法治标不治本。为什么呢？因为没有根的自我，不管在哪里，有谁陪伴，你都找不到归属感。这也是为什么有的时候两个人在一起反而比一个人更寂寞。

比如，一对热恋的情人，每天形影不离，但是过了一段时间之后，就会相爱相杀。分开后又撕心裂肺。于是又想在一起，但过不了多久，又会相爱相杀。你想啊，一个和自己都无法相处的人，又怎么能奢望维持两个人之间的和谐呢？

所有的挫败关系都有一个共同点，那就是关系中的一方，或是双方不敢面对那个脆弱的自我，即他们没有能力和自己相处。自己都无法接受自己，又怎么能接受一个不完美的另一半呢？无法和自己相处，根本原因是内在的匮乏，如爱的匮乏、金钱的匮乏、智慧的匮乏、能力的匮乏、感知的匮乏、快乐的匮乏、拥有的匮乏、自我认同感的匮乏等。

我们和外界所有的关系其实都是自己与信念之间的关系，而非看上去的你和我、我和他的关系，如前文所说，外界的"你""他"只是"我"的一面面镜子。外界的所有都是我们内在念头的投射。

心灵导师克理斯多福·孟说过，"我们通常会把自己从小到大得不到的、未满足的需求全部投射给那个爱我们，让我们觉得特殊的人身上，觉得有了他，这些需求就会被满足。"

现在，请你想一想：在你不顺心的时候，你最容易埋怨谁？大概率是你的父母、老公、孩子。也就是说，谁与你的关系最近，谁越懂你，你越容易对谁上火，而很少去抱怨一个素未谋面的人。所以说外面没有别人，只有你自己，如果要埋怨，只能埋怨自己。

原生家庭的关系，或者说与父母的关系，决定我们一生所有的人际关系，它会投射到我们在生活中的各种关系中，如与亲人、朋友或是同事，甚至陌生人的关系。比如，你与父母在一起总爱抱怨，那你与朋友相处时，便会无意识表现出这一点，经常是看得顺的地方，很快就看不顺，看不顺的时候会抱怨连连。这都是内在的匮乏所致。它就像一个黑洞，会不断地吸食我们的能量，让我们不断产生新的匮乏，如此不断反复，直至我们筋疲力尽，丧失了对自己人生的信心。

那么如何避免出现这些问题呢？最有效的方法就是学会与自己连接。关键把握好以下几点。

在生活中多给自己一些独处的时间，好好照顾那个内在的自己

在独处的时候，认真地审视、感受一下自己的内在，去认真倾听自己、思考自己、提问自己，与自己来一次心灵对话。越敞开越看见，越看见越成长。

在和自我连接的过程中，自然而然会产生匮乏、残缺、悲伤、孤独、愤恨、分离等感受。如果我们能够实现持续连接，富足、圆满、幸福、快乐、回归、爱等感觉便会油然而生，如此，我们就不再会被别人的评价，或是一些负面的情绪所困扰。

从自己的身体去找到感受

多关注自己的身体感受，从中找到那种放松、踏实、幸福的感觉，就像小时候在摇篮里的感觉。以这种感觉为源头，向世界发出信号，向宇宙发出请求，然后再去营造我们的人际关系，这些才是我们真正想要的。

问问自己，是什么阻碍了你的智慧

也就是有什么是你不能面对的，你想掩饰的、想逃避的，以至于在被迫必须面对的时候，你会表现出愤怒、暴躁、狂躁等负面情绪。所以一定要问问自己到底缺什么。

解决自己害怕面对的问题

积极面对一些问题，回到自己的内在，寻找解决问题的办法，或者诚恳、深入地和自己进行对话："唉！我这是干什么？好好的日子不过，非要自寻烦恼。"

勇敢地表达自己

既然你已经无法忍受此刻的自己，那就勇敢地去改变。不要怕，外面没有别人，全是自己，所有发生在你身上的事，都是你的内在投射出来的。

让自己尽量变得柔软

柔软了，就圆满了，这种柔软的能力其实就是享受丰盛和感受爱的能力。只要让自己感到自在，或找到让自己感到自在的每一个想法，把它们投射到现实生活中，投射到与他人的相处中。如此不断地练习，一定会从中找到一些让你变得从容自在的想法。然后再放大这些想法。

你和自己的关系是所有关系的开始，当你开始相信自己，与自己和谐一致时，你就是自己最好的伴侣。在生活中，只有多回到内在，多独处时才能真正照顾好自己，相处的时候才能照顾好他人。

❊ 爱上自己是终身浪漫的开始 ❊

每个人天生都是一个爱的容器。从我们来到这个世界的那一刻起，本自具足，无所缺失，容器中盛着满满的爱的能量。所以看见婴儿，就觉得招人喜欢，想对他好、想亲他、想抱他，因为他是一只装满了爱的容器，爱满则溢，吸引别人去爱他。可是，当他慢慢长大，就越来越不招人喜欢了，因为越来越不会爱自己——这容器开始漏了，甚至碗底都缺了。

在一个人成长的过程中，难免会发生一些不那么美好的事，有的甚至会给心灵带来一些创伤。这些创伤就像容器上的漏洞，如果得不到及时的修补，爱的能量便会越漏越多。当容器中所剩的爱越来越少的时候，会改变我们的生活状态——起初，我们还情愿付出，还无怨无悔，但是后来，因为得不到应有的回报，会逐渐变得吝啬起来。

在人生路上，很多时候我们因为不会爱自己，不会修复各种创伤，让自己成了一只没有底的碗，下面的洞口很大，装得越多，漏掉的越多。当我们给出去最后一粒米，期望换回两粒米时，却半粒也没得到。我们不甘，我们委屈，甚至有些歇斯底里，抱怨由此产生。这时，与其说我们给出去的是爱，不如说是一种"投资"——那即便是爱，也是"有条件的爱"。

真正的爱，是你给出去后，对方很愿意接受，也接受得起，而且感到非常舒服。那种咬牙切齿，忍着疼也要往外丢，给出一份，却想着换回两份，甚至是十份的"爱"，只是一种价值交换。

对女人来说，学会爱是一件非常重要的事，学会爱自己，真正爱自己，就一定要把碗底给补上，然后不断地给予自己爱，爱满则溢。否则，别说爱自己，甚至连别人给你的爱都会"漏掉"——感受不到别人的爱，甚至认为别人的爱理所当然——你老公明明说"我也爱你啊"，可你就是捧着一个空碗说"我明明没有看到啊"。父母说，"我们已经含辛茹苦把你拉扯大，一辈子爱你"，你还是会捧着空碗说，"哪有？哪有？没有看到啊"。不是他们不爱你，是因为你的碗底有个洞，因为这个洞，你连自己对自己的爱都看不到，又怎么能感受到别人的爱呢？当你捧着这个碗对孩子说，"我为了你，付出了一切，可你怎么就这么不争气，这么不听话"。你的话语无形中会伤害孩子，他因此会产生一种深深自责和愧疚。

很多女人都非常聪明、勤奋、努力，事业发展得很好，也都在很好的圈层，但有一个问题，就是不会爱。明明心中是有爱的，心里也想着对方的好，却经常以爱的名义伤害对方，甚至在一起的时候会彼此折磨。

英国著名的剧作家奥斯卡·王尔德曾说："爱自己，是终身浪漫的开始。"在这个世界上，爱有很多种，而浪漫的方式也有很多种。父母之爱，是无私的浪漫；朋友之爱，是真挚的浪漫；恋人之爱，是甜蜜的浪漫；唯有爱自己，才是终身的浪漫。

只有当你真正开始爱自己的时候，这个碗底才开始补好。这时，当你给自己的爱越来越多时，碗里的爱就会越来越多，这样，你才能给予别人爱。当别人往你碗里投放爱的时候，你也能明显地感到爱的增长，以及由此带来的幸福感，而不像之前，捧着一只空碗，像是一个无辜的受害者，满腹的牢骚、怨言。

我曾经认识一位女性，她是一家上市公司高管，40岁左右，人显得很憔悴，她的小孩子也很憔悴，真的是看到那些孩子就特别心疼。我特别懂她对孩子的爱，在她看来，她用自己的方式爱孩子，在我看来，那是打着爱的旗号在折磨孩子。

我经常在思考：这到底算不算爱？她们竭尽全力去爱孩子，孩子却那么痛苦，天天不快乐，天天叛逆，无数个夜晚梦想着离家出走。其实，那是因为她给出去的不是爱，是毒药。

到底什么是爱？这是值得每个人都深入思考的问题，一旦这个问题想明白了，便知道人生好的方向在哪里，问题出在哪里，如何改变自己，然后才能让碗里的爱越来越多，并拿出来与他人分享——给到老公、给到婆婆公公、给到父母、给到孩子，甚至那些连你都不认识的陌生人，你都想给予他们，而且你不会在乎对方是否还你。

当一个人不会爱自己的时候，那他的爱是匮乏的，他就是一个爱的乞丐，只能捧着一个破烂的碗到处去行乞，以此证明"我很厉害""我很能干""我是为了这个家打拼"……这几乎是很多人的一种常态。

比如，有些女性事业心很强，她经常和老公说："我白天要工作，下了班要带孩子，还要辅导作业，做家务。"老公会说："我也没闲着呀，我天天在外面见客户，还要陪喝酒，要不怎么签单子？我这么做，难道不是为了这个家吗？"

然后，她们又跑到父母跟前，说自己多努力，取得了什么样的成绩，为的是讨点爱。然后老妈老爸会说，想当年我如何如何，他们又开始证明自己厉害了。

最后，她们又跟孩子说："你要努力学习，将来考个好大学，我们这么辛苦，全是为了你。"孩子听不进去，然后她们就举一些反例来"吓唬"孩子。

其实，这些行为都像是在乞讨爱。要知道，爱是乞讨不来的，能乞讨来的不是爱。之前，我们提到过"吸引力法则"，这是一个神秘的法则。尤其是在爱的方面，一旦你有了"交换"的念头，一定是换不来的。即便能"换"回来，那也不叫爱，叫匮乏。所以，不要再当爱的乞丐了，外面没有别人，都是自己的镜子。如果你连自己都不爱自己的话，别人也不会爱你，所以一定要做"爱的功课"，并给自己足够的爱。

当然，爱自己不是做一两件事情就完了，而是活多久就要爱自己多久，生命不息，爱自己不止。如果爱一阵子就不爱了，那你的碗底终究还是会漏。所以，一定要持续爱自己，就像吃饭一样，你不可能吃一顿饭管饱一辈子。记住，爱上自己是终身浪漫的开始。

那怎么才算爱自己呢？爱自己的方式有很多，其中有一点很关键，那就是适当用好的东西来滋养自己，避免精神的匮乏。当你真正爱自己，你就能够感受到自己有哪些需求，然后去满足这些需求，只要这些需求是合理合法的。过去，我们爱钱甚于爱自己，有时为了省钱，宁可受累受罪，宁可跟家人吵架，宁可牺牲幸福的婚姻，宁可让孩子忍着，就是不能花钱，于是朝着匮乏的方向一路狂奔，天天省钱。

比如，你花 10 块钱买一个杯子，你老公花 200 块钱买个杯子，你肯定心理不平衡，会说他败家。别人花几万块买个 LV 包，你花几十块买一个仿品，还沾沾自喜，觉得自己很会过日子。

一个女人爱自己，还要在精神层面爱自己，满满地赞叹自己，接纳自己，疗愈自己的内在。内在的提升，才能带来外在的改变。

这个世界的规律是同频共振,你内在的频率变了,就能够把同频的事的结果共振出来,所以从现在开始,学会好好地爱自己,以此开启一生浪漫之旅吧!

❋ 活出极致的美好 ❋

我们来到这个世间，就是来被爱的，被自己爱，被亲人爱，被爱人爱，全然拥抱，并发挥你与生俱来的创造力，丰盛自己的人生，唤醒灵魂深处无尽的张力，拥有超乎想象的美好的事物，享受身边的每一件东西。

在我们身边，有着很多值得享受的美好事物。大多数人之所以视而不见，是因为将目光聚焦在遥远的方向：等我有了房子就好，我得努力；等真的有了房子，心里又会想要一座别墅……内心焦灼，脚步匆匆，却美其名曰"我在奋斗"。

追求更好的物质生活没有错，有事业心也没有错，但是不要忘了，所有这些与你享受身边的种种美好并不矛盾。童年时，我们都喜欢在春天的雨夜听细雨敲窗，或在皎洁的月光中听取蛙声一片，长大后，我们还是可以在阳台上种满花，给它们松土浇水剪枝，看它们是如何开花结果；或一家三口到郊外的河边散步，放风筝……

今天，我们生活在一个快奏的、日新月异的时代，有太多的信息要接受，太多的新知要学习，太多的俗务要应酬，太多的事情要完成……如果终日奔跑争先，就会将世人拖垮累死。学会活在当下，来点"难得糊涂"的超越，可以帮助我们释放心理和社会的压力，保持一种心态平衡，坐看云起花落，超然通达地面对人生。否则，我们很难感受到生活中的美好与浪漫，无法体验轻松和愉快，更难觅天真、诗意和情趣。

意大利导演安东尼奥尼在《云上的日子》里讲了一个故事。据说，在墨西哥的山地民族中有一个规矩，在上山的途中，不管累不累，每走一段都要停下来休息。他们的理由是"走得太快，会丢了灵魂"。

走得太急，真的会把灵魂丢了吗？那些心怀大志的人，为了珍惜人生的光阴，习惯将每天的日程安排得满满的，不停地奔波。即使再累，也得支撑着。这种老黄牛式的精神被不少人推崇。但正如国画需要留白一样，你的人生也需要留白。《菜根谭》里有一句话：忧勤是美德，太苦则无以适性怡情。大意是说，尽心尽力去做事是一种很好的美德，但是过于辛苦地投入，就会失去愉快的心情和爽朗的精神。人如果失去了愉快的心情和爽朗的精神，还有什么美好可言呢？

在人生路上，女人如何才能活出极致的美好呢？

拥有一定的审美力

对于美的渴望，对于美的追求，是女人的天性所在。每个女人都希望自己变得更美一些，都希望自己的美能得到别人的欣赏和好评。能够在岁月中活出审美力的女人，都不简单。她们保持着对岁月的尊重，也保持着对自己的尊重，从来不以邋遢的形象示人。她们懂得先把自己收拾得体之后，再美美地出门。

正如罗曼·罗兰所说："气质之美，与其说是来自内心的修养，不如说它是来自一种对美好事物的欣赏能力，这份欣赏力就使得一个人的言谈举止不同流俗。"当然，审美力不是一两天就能形成的，它是一个人长期积累、不断修炼的结果。

向阳而生，富有生命力

焦虑会传递，人们更愿意靠近有光的人。如果你长期陷入对未来的焦虑中，比如，伴侣关系还未稳定，便开始担忧房子问题、婆媳问题、孩子教育问题、养老问题等，那怎么能看到生活的美好，怎么能快乐起来呢？乐观而阳光的女人自信、漂亮，看待事情总是看到积极的一面，凡事都往好处想，时常保持着好心情，灿烂笑容常会挂在脸上。她们总能发现和欣赏到生活的美好，抓住幸福和快乐的瞬间，并且将快乐与人分享或者传递给更多的人。

不再盲目崇拜，倾听自己内心的声音

曾经，我们都羡慕过他人，羡慕他们的名气，羡慕他们的才华，羡慕他们的财富，甚至羡慕他们身边的美女。但是，当有了一定的人生阅历，我们发现：我们应重新审视自己，要倾听自己内心的声音。盲目崇拜他人，只会让自己陷入假象。跟着别人跑，掉在陷阱里都可能不知道，这样的代价太大了。尤其在情感世界里，盲目意味着愚蠢。

培养钝感力

提到"钝感力"，难免让人想到愣愣的、呆呆的感觉。其实不然，它体现了一种生存智慧。"钝感力"可直译为"迟钝的力量"，即从容面对生活中的挫折和伤痛，坚定地朝着自己的方向前进。它是赢得美好生活的手段和智慧。在生活中，许多时候钝感力与幸福度成正比。你越是视而不见、听而不闻，越是笃定这份感情。否则随时随地受到各种信息干扰，于是让你的判断出现可怕的偏差。钝感力强的女人，生活往往过得很轻松，整个人的状态也很好，给人一种自信、优雅的感觉。

修好自己，让婚姻幸福，家庭圆满

每天乐乐呵呵，做好自己该做的，时刻不停地积累能量，将那

些逐渐丰满，越来越美好的生活方式显化在我们的生活中。同时，吸引在现实中看似不可想象的美好，把平凡的日子过成诗。

在现实中，有些女人不断地觉察自己、发现自己、找到自己、活出自己、绽放自己，活得淋漓尽致。别人越活越老沉，她们却越活越年轻。

的确，岁月会带走一个女人的花容月貌，绚烂的青春也终将逝去，但是，当你学会爱自己，抛开年龄的约束，遵从自己的心意，便可以拥有一份与年龄无关的浪漫，活出一种极致的美好。

后记

  在书稿完成的瞬间，我起身沏了一杯茶，是我最爱喝的龙井，缕缕清香，扫去了我半身的疲惫。虽然它不算完满，我暂且还是要享受这份愉悦——离我实现埋藏心中已久的一个朴素的愿望更进了一步——基于 20 多年的美学研究与工作实践，我渴望将其中的精华整理成册，作为送给女性朋友们的枕边书，让她们真正懂得如何去爱上自己，开启终身的浪漫之旅。

  在创作过程中，我有一种强烈的使命感或责任感，不敢有丝毫的马虎，与此同时，我也看到了自身的局限、粗陋、肤浅，思维的不甚严密和语言的贫乏。因为了解得越多越深，越能感触到现象及背后原理、机制等的复杂性，为此，我不敢妄言，每一次落笔，都要仔细斟酌。同时，我也参阅了国内外一些具有影响力的美学、心理学、养生学等方面的著作，以及大量权威性的资料。对我来说，该书的创作，既是一次对先前教学培训实践的经验总结，也是一次从陌生领域到专业方向的艰难跋涉。但每念及这些文字会变成书，被更多人看到，那也将是一件幸福、浪漫的事情，幸福之感不禁油然而生！

叶一乐

2023 年 10 月